陈二平 ®

毕节老字号

豆豉火锅底料

贵州省毕节绿色畜牧科技开发有限责任公司
贵州省毕节市七星关区经济开发区小微创业园5号厂房
19808613333

云南众木农林发展有限公司

公司成立于2022年4月，注册资金1000万人民币，是一家专业从事高效生态农林业投资、研发、种植、加工、贸易、生物防治、园林绿化及生态农林业休闲观光开发经营的民营企业。

众木农林致力于传统农业向现代农业的转型，以推动地方产业化发展为己任，创立了众木农林产业品牌。公司投资建设运营的富宁八角种植、加工、交易一体化项目，总投资2.5亿元，于2022年7月28日正式开工建设。其中：一期有机八角1200亩、种植项目规划建设八角优良品种繁育及采穗圃基地100亩、八角标准化生态种植示范基地10000亩；加工贸易项目在富宁绿色农产品产业园区用地105亩，规划建设八角生产加工区、多功能交易区、仓储物流区、八角文化展示区、检测中心、晾晒场及办公生活服务区等配套设施，安装八角烘干生产线、茴香油提取生产线及八角精油、功能食品、饮品等深加工生产线等。

主营业务

八角良种苗木培育销售，八角生果收购烘干、八角精品包装、八角粉、八角茴香油、八角精油、八角功能食品、饮品等八角系列产品开发、加工和销售，八角生果代加工，八角仓单质押，八角免费技术服务及配套专用肥及农药经营。

开发产品

1、散装产品：大红一级无把、大红一级带把、大红二级、春花、干枝、碎片、枳梗。

2、包装产品：20克塑料袋小包装、100克塑料袋小包装、20克6包礼盒装、800克去把礼盒、1200克带把礼盒、360克两瓶装精品礼盒。

产品实拍

固定电话：0876-6125033
移动电话：18908769999   13508006059
网址：http://www.ynzmnl.com
地址：云南省文山壮族苗族自治州富宁县那谢农业园区

扫一扫添加关注

川
味之魂

吴奇安 —— 编著

中国纺织出版社有限公司

图书在版编目（CIP）数据

川味之魂 / 吴奇安编著. --北京：中国纺织出版
社有限公司，2024.10. -- ISBN 978-7-5229-1879-2

Ⅰ . TS972.182.71

中国国家版本馆 CIP 数据核字第 2024TV6933 号

责任编辑：罗晓莉　国　帅　　责任校对：李泽巾
责任印制：王艳丽

中国纺织出版社有限公司出版发行
地址：北京市朝阳区百子湾东里 A407 号楼　邮政编码：100124
销售电话：010—67004422　传真：010—87155801
http://www.c-textilep.com
中国纺织出版社天猫旗舰店
官方微博 http://weibo.com/2119887771
北京印匠彩色印刷有限公司印刷　各地新华书店经销
2024 年 10 月第 1 版第 1 次印刷
开本：889×1194　1/16　印张：8.75　插页：4
字数：125 千字　定价：128.00 元
京朝工商广字第 8172 号

他序

△1

我虽然参与过星级宾馆餐饮业的经营管理工作，但对烹饪技术不大在行，为此类作品写序也颇感困难。然而，面对《川味之魂》，这部由资深级注册中国烹饪大师、在餐饮行业勤奋工作60余载、为川菜事业的创新和发展作出突出贡献的吴奇安先生所写的作品，这部浸透着吴大师的心血和汗水、积累了他从事餐饮行业几十年丰富经验的作品，无论如何也应该说点什么！

吴奇安大师于1963年进入餐饮烹饪行业，60余年过去了，经过艰苦奋斗、努力拼搏，在他的身后留下了一串串闪光的足迹：先后主厨并多次接待中央、省市和军队的高级领导干部；被全国及省内多家烹饪院校聘为高级客座教授；在多家星级酒店、酒楼、宾馆担任高级烹饪技术顾问（其中包括我担任过总经理的四星级宾馆）；先后当选四川省烹饪协会名厨工作委员会委员、四川省烹饪协会常务理事；并在2015年9月，正式被认定为首批资深级注册中国烹饪大师。几十年来，吴奇安大师在四川乃至全国餐饮界硕果累累、荣誉不断，特别是他这部烹饪作品，就是他几十年经验的积累和勤奋耕耘的结晶，我们可从中看到他在餐饮工作岗位上努力学习、刻苦钻研、善于总结、不断进步的光辉历程。

川菜是我国著名八大菜系之一，其根底源远流长，其内容博大精深。川菜川味更是深受国内外大众的喜爱，要让它更好地走出四川，走向世界，还需要不断地传承与创新。吴奇安大师这部作品，收集了他所创新的菜品，其选材独特、新颖别致、自成风格，是中国餐饮界的瑰宝，是烹饪技术工作者不可多得的教材，对川菜的传承和创新定能起到极大的促进作用。

当然，川菜的传承与创新，需要一代又一代人的艰苦努力，需要凝聚众多川菜大师的经验和智慧。我知道，这部书的出版和他多年的朋友党福祥老师的大力支持和帮助是分不开的。我相信，随着本书的出版发行，将会吸引更多的爱好者学习钻研川菜艺术，使一菜一格、百菜百味的川菜受到更多人的喜爱，川菜的传承和创新也将会取得更加丰硕的成果！

我们也希望，吴奇安大师百尺竿头更进一步，在川菜传承与创新中不断探索、大胆创新，为繁荣川菜事业作出更大的贡献！

他序

欣闻《川味之魂》出版发行，欣喜之际，欣然命笔。

中华烹饪艺术是无数中华烹饪前辈一生实践、探索的智慧结晶，也是中华民族为人类文明进步作出的卓越贡献。中餐烹饪作为一种传承发展的技艺，许多知识可以通过总结归纳升华为理论，还有许多经典技艺作为非物质文化遗产，传承在无数烹饪人的手上、心里，需要长期实践、点拨，才能理解、掌握。这正是烹饪界师门传承的由来。

吴奇安大师投身烹饪行业60余年，经历了川菜产业传承、发展、创新、繁荣的时期。吴奇安大师努力学习、勤于实践、融汇贯通，将川菜经典传承下来，发扬光大，不断创新，开创川菜吴氏师门，成为烹饪人的优秀代表。

烹饪技艺作为时间、空间艺术，必将伴随历史共存，伴随历史发展。每一代烹饪人都有责任将自己经历的那个时代的烹饪技艺记录下来，告诉后人那个时代的鉴赏习俗、设计理念，理解经典菜品、经典技艺的由来，不断丰富中华饮食文化宝库。

《川味之魂》的出版发行，可喜可贺。我衷心希望各大菜系从业人员、各位大师阅读《川味之魂》，让更多的人认识中华烹饪艺术的五彩缤纷、博大精深。

祝吴奇安大师师门传承源远流长、兴旺发达。

齐金柱： 首批资深级注册中国烹饪大师、中国御膳大师、故宫出版社《满汉全席：宫廷菜的传承与发展》作者、中国烹饪协会监事长。

跨越半世纪的『川厨匠人』
——吴奇安

首批注册资深级中国烹饪大师

何为"匠人精神"

这个时代呼唤"匠人精神"。所谓"匠人",是对专业之人崇高的称呼与敬仰。它是社会文明的重要尺度,是国家前行的精神源泉,是企业与个人竞争发展的品牌资本,是各行各业成长的道德指引。"匠人精神"意义深厚而隽永,是基于人性之本,是对技艺的执着,是对时间的坚守,从传承至创新,从精益至卓越。

在川厨里面,有这样一个人,从14岁至今,从事厨师行业60余年,长达半个多世纪之久。这对他意味着什么?意味着从年少青葱到满鬓银发,意味着从身手矫健到步履渐缓,意味着从踌躇满志到迟暮感怀。60余年的坚持,包含着谦逊、敬业、专注、执着、担当、创新、荣誉、精益求精等一切高尚而美好的词汇。60余年的躬身耕耘,60余年的天涯行走,60余年的殊荣不断,在外人看来,是一段传奇,而于他而言,是一个饱含血泪、荣辱与共的成长奋斗史。

一生只做一件事

网上搜索一下,吴奇安老先生的简历随处可见,名号众多且响亮。从厨师、老师再到客座教授,从专家、名师再到高级顾问,曾在20世纪

80 年代以中国烹饪专家的身份赴约旦担任主厨，先后在四川多家知名餐饮企业担任主厨和高级顾问，接待过多位重要领导及嘉宾。今天，吴老先生仍活跃在各项活动中，面对镜头侃侃而谈、从容淡定。岁月在他的脸上勾勒出了深邃的印记，眼神偶尔会显得有些沧桑疲惫，但是每当他讲述起对职业的热爱，创新出一道又一道菜品时的容光焕发，我们仿佛看到了那个 14 岁的孩子，站在案头，用孱弱的手拿起笨重的菜刀，刻画着他后来一步步奋发向上的样子。

吴老先生说："最初学厨想法简单，父亲离世，就想靠着一门手艺养活众多的兄弟姐妹。当年学厨时，天没亮就起床，承担了厨房里的一切重活、脏活，手磨出了血泡，结成了老茧，脱了生，生了脱。但是越会做菜，越了解这个行当，就越热爱这份职业，觉得每一种简单的食材在自己的手中变成美味佳肴的那一刻，着实奇妙。"无论多艰难，他都没有一刻想放弃。一生只做一件事情，他真正地在平凡的生活中注入了深刻而隽永的美食情怀，以朴素而淡定的坚持，把三尺灶台变成了舞台。

川厨匠人的赤子之心

当问起吴老先生，厨艺生涯中遇到过的最大挫折与继续的动力时，我以为他会讲述年轻时学厨所经历的事情。却不曾想，他说是 1982 年出访约旦，代表中国厨师为十多个国家的外宾献菜的那段经历。他说，那次他一个人要做三道菜，熊猫戏竹、凤戏牡丹和蝴蝶海参。当时他一心只想为国争光。他没想到在异国他乡购买食材时遇到了大麻烦：语言不通，食材难求，几乎跑断了腿，一个大男人在异国的大街上急得眼泪在眼眶里直打转。所幸他最后终于克服了重重困难，一鸣惊人，获得外宾的高度好评。在那一刻，他才明白，原来自己还能以这样的方式为中华民族争光。不忘获得荣耀时遇到的从业生涯最大挫折，把民族的骄傲视为奋斗终生的动力，唯有一颗赤子之心方能如此。

吴老先生一生弟子众多，桃李满天下。问他收徒弟最基本的要求，吴老先生毫不犹豫地说："当然是敬业与奉献。"他说，"天资是老天给的，刻苦是自己的。如果不刻苦，即便有再好的天资，老天有一天也会收回去。"大弟子曾建设先生对老师的评价极为中肯：吴老先生获得成功，最大的因素便是优秀的人品和卓越的厨艺，他在师傅身上学到最宝贵的东西便是敬业爱业、奉献终生。

开水白菜蕴含的真谛

2017年7月，吴奇安应上海电视台邀请，作为四川省参与《带你走天下》川菜文化技艺专题拍摄的名厨，特意献出四川传统菜肴蒜泥白肉、麻婆豆腐和开水白菜。其中，开水白菜早已被列为接待外宾的国宴菜品之一。"开水"表面是一汪清水，实质是慢火煨好的特级清汤。深谙川菜高汤秘诀中"无鸡不鲜、无鸭不香、无肘不浓、无肚不白"的精髓，更饱含川菜传统技艺，唯真正的厨艺精湛者方能于这一汤一叶中缔造其中精妙。而开水白菜为世人传递出正统川菜不仅只有麻辣一味，实质为"一菜一格、百菜百味"的丰富本源。

其实，开水白菜何尝不是吴奇安老先生一生的写照：殊荣满怀，却始终谦逊温和、有礼有节。吴老先生虽身怀中华厨艺精粹，却一身清白、踏实自省，始终坚守三尺灶台；更在迟暮之年，仍俯首甘为孺子牛，以"传承发展川菜文化，培养优秀接班人"为己任，广收徒弟，承继衣钵，将毕生所学所得毫不保留地付出，为川菜的繁荣发展作出巨大的贡献。

上海广播电视台电视新闻中心《带你走天涯》栏目

王嘉明导演

2017年

目录
CONTENTS

第一章 ）川 ）味 ）烹 \饪

第二章 川味经典技艺

第三章　川味白案调味技巧

第一章

川味烹饪

第一节　川味常用的 27 种味型

川菜常用味型有 27 种，分三大类。

一、浓烈味型（9 种）

1. 麻辣味

（1）热菜。

调料：辣椒面、豆瓣、花椒面、盐、酱油、蒜苗。

风味特点：麻辣、咸鲜、味浓厚。

（2）凉菜。

调料：酱油、熟油海椒（红油）、花椒油、花椒面、高汤（少量）、味精。

风味特点：麻辣咸香、味厚。

2. 红油味（凉菜）

调料：红油、酱油、白糖（微量）、醋（微量）、味精、芝麻。

风味特点：回味略甜酸、香辣。

3. 糊辣味

（1）热菜。

调料：干海椒、花椒、盐、酱油、红酱油、姜、蒜、葱、料酒、白糖、醋、鸡精、味精。

风味特点：香辣微麻，咸鲜略带酸甜，如烹制蔬菜类，可不用姜、蒜，也不用白糖、醋，其味以咸鲜为主。

（2）凉菜。

调料：干红辣椒节、花椒、酱油、盐、白糖、姜颗粒、料酒、香油、高汤（少量）、味精。

风味特点：麻辣干香、咸鲜回味甜、味厚

味长。

4. 椒麻味（凉菜）

调料：葱叶泥、花椒泥、冷高汤、生抽酱油（少量）、香油、盐、花椒油、味精。

风味特点：葱椒香麻味浓。

5. 香辣味（凉菜）

调料：细豆瓣、富顺香辣酱、芝麻酱、生抽、干海椒、花椒、姜、葱、料酒、鸡精、味精。

风味特点：香辣可口、味浓。

6. 鱼香味（热菜）

调料：泡红辣椒粒、姜、蒜粒、小香葱粒、盐、酱油、白糖、醋、鸡精、味精。

风味特点：咸、辣、甜、酸四味兼备，姜葱蒜香味浓郁。

7. 酸辣味

调料：盐、胡椒面、醋、酱油、姜、葱、绍酒、麻油。有少量菜品用红油（或豆瓣），而不用胡椒面。

风味特点：酸辣、清香、爽口。

8. 泡椒味

调料：子弹头泡椒、泡姜、大葱的葱白、高汤、味精、盐。

风味特点：泡椒味浓厚、咸鲜可口（一般做炸收菜）。

9. 椒香味

调料：鲜生藤椒、生花椒油、生抽酱油、味精。

风味特点：咸鲜藤椒、麻味浓厚。

二、辛香味型（8种）

1. 蒜泥味（凉菜）

调料：红油、酱油、红酱油、蒜泥、白糖（少量）、醋（微量）、味精。

风味特点：蒜泥味浓、味咸，略带甜香辣（也可做白味蒜泥味）。

2. 芥末味（凉菜）

调料：芥末、盐、生抽、香油、味精。

风味特点：咸鲜、刺激、香、清爽提神。

3. 烟香味

调料：稻草、松柏枝、茶叶、樟叶、锯木、盐、白酒、花椒、葱、姜等。

风味特点：熏香、烟味、色泽红黄、烟香浓郁。

4. 酱香味

调料：甜酱、生油、盐、白糖、味精。

风味特点：酱香味浓郁，鲜香爽口。

5. 五香味

调料：以大葱、姜、蒜、花椒、辣椒、八角、小茴、桂皮、草果、丁香、山奈、良姜、肉豆蔻、白豆蔻、草豆蔻等香料为主。

风味特点：辛香浓郁。

6. 姜汁味

（1）热菜。

调料：盐、姜、葱、酱油、醋、绍酒、麻油。

风味特点：咸酸鲜香、姜味浓郁（可用于清蒸）。

（2）凉菜。

调料：盐、老姜泥、生抽、醋、高汤、香油、味精。

风味特点：姜汁味浓郁、咸酸爽口。

7. 葱油味

调料：大葱、老姜、高汤、盐、鸡精、味精。

风味特点：葱香味浓、咸鲜可口。

8. 陈皮味（凉菜）

调料：陈皮、干海椒、花椒、复制酱油、姜、葱、鸡精、味精。

风味特点：陈皮芳香、味厚长、可口。

三、清淡味型（10种）

1. 咸鲜味

调料：盐（或酱油）、味精、绍酒。

风味特点：咸中带鲜，鲜中有味。根据菜品不同，也可用姜、葱、蒜、胡椒。

2. 茄汁味

调料：冰糖（或白糖）、盐、酱油、绍酒、胡椒面。

风味特点：味醇厚，咸中带甜。有些菜品有要求，可酌用姜、葱、茶椒、香料等。

3. 豉汁味

调料：豆豉、料酒、姜、葱、蒜、辣椒、花椒等

风味特点：豉香、口感绵长、记忆性强。

4. 糖醋味

（1）热菜。

调料：同荔枝味，但糖醋用量要大于荔枝味。

风味特点：酸甜味浓、鲜香爽口。

（2）凉菜。

调料：盐、生抽酱油、糖、醋、香油、味精。

风味特点：咸鲜、甜酸味浓、清爽适口。

5. 荔枝味

调料：盐、白糖、醋、酱油、绍酒、姜、

葱、蒜。

风味特点：咸鲜中略带酸甜。

6. 醇甜味

调料：白糖或冰糖。

风味特点：在席桌中综合口味。

7. 家常味（热菜）

调料：盐、豆瓣、酱油、姜、蒜、葱（或蒜苗）、料酒、醋（少量）、鸡精、味精。

风味特点：咸鲜带辣、浓香。

8. 怪味

调料：红油、酱油、盐、白糖、醋、芝麻酱、芝麻、花椒油、味精。

风味特点：咸、甜、酸、麻、辣、香兼备。

9. 糟香味（凉菜）

调料：高汤、醪糟汁、盐、料酒、味精。

风味特点：咸鲜可口、醪糟味浓厚。

10. 麻酱味

调料：生抽、芝麻酱、盐、高汤（少量）、白糖、味精。

风味特点：酱香味浓、咸鲜可口。

第二节　川味烹饪方法

一、热菜

1. 炒

炒有生炒、熟炒、小炒、软炒，用旺火、红锅、热油，成菜迅速。

2. 熘

熘的主料应码味及码鸡蛋清、豆粉，用中火、温油，成菜后雪白滑嫩。

3. 爆

爆的主料码味，用旺火、旺油，成菜快速。其一般用于经过花刀成型的原料及家禽杂类食品。

4. 炸

炸的主料码味，用旺火、旺油，油量大，成菜香、酥、脆，也有使用中火和小火的，称为浸炸或油余。

5. 炝

炝用旺火、旺油，成菜快速。一般使用干海椒、花椒，将其为炝入原料的一种方法，多用于蔬菜原料，也可用于家禽肉类。

6. 蒸

蒸是用蒸汽使原料致熟的烹饪方法，需要旺火、大汽、时间长，成品原汁原味。此类形态完整、质地软，多用于全鸡、全鸭、全鱼及装碗定形菜品，此外，用于半成品的加熟处理。另外还用于菜品的加热，俗称"馏笼"或"打一火"。

7. 煮

煮为在中旺火上，以水为介质使原料致熟的一种烹制方法，一般是生原料下锅。

8. 烧

烧是先旺火，后中、小火，先用热油在锅中煸制，后加汤。其为原料烧制进味的一种烹制方法，成菜软柔糯，味浓香爽口，多用于家禽、质老筋多一类原料。

9. 干烧

干烧是原料入锅，热油炸制后加入原汤及调料，在中、小火上慢烧至汤汁浓稠或汁干亮油的一种烹制方法。干烧忌用勾芡。

10. 干煸

干煸须用热锅、温油，油量较少，原料入锅，在中火上久烹致熟。成菜有干香、酥软的特点。

11. 烤

烤有挂炉烤、泥烤两种方法。挂炉烤为将大块或整形原料，经整治、盐渍、制坯后，放入烤炉中，使菜品成熟、酥软的方法；泥烤为将原料经腌渍、包扎（多用荷叶）、泥糊等工序，放入炉内直接烤制，成品有原味不失、清香扑鼻的肉香特点。

12. 焖

焖须先用少量油，将原料煸炒后，加汤、调料，用大火烧开，加盖，改用中、小火加热至熟。成菜有软、嫩、鲜、烫的特点。

13. 烩

烩以汤汁为介质，用中火，将多种熟原料再加热，使菜品上味。

14. 叉烧

叉烧又称明炉烤，一般用定制铁叉将猪肉、乳猪、鸡、鸭叉上，在特制炉内"叉烤"，是利用热辐射使原料成熟的一种方法。原料一般须经腌制、包裹、上叉、烧制环节。成品具有皮酥、肉酥嫩的特点。

二、凉菜

1. 拌

拌是烹饪原料经盐渍或制作成熟后，拌以各种调料，使菜肴上味成菜的方法。可根据菜品要求，其分别用拌、淋、蘸三种方法。

2. 炸收

炸收是烹饪原料以刀工成型（丝、片、丁、块），浸渍、油炸，脱去部分水分后，用汤汁上调料，在锅内加热，使原料回软上味、上色、成菜的方法。其多用于各种动物原料及其他食品原料。

3. 卤

卤是将烹饪原料放在卤汁中，用旺火加热，使之成熟、上色、上味的方法。一般卤汁分为红卤或白卤两种。

4. 粘裹

粘裹是烹饪原料经加工、制作成熟后，锅内放糖、水（或油），以及其他调料制成浓汁，使之包上一层的烹制方法。

5. 炸

炸是烹饪原料经刀工成型后（有些需要码味）或直接（或穿衣）放入旺火热油中，使之成熟、酥脆的方法。部分菜品有自然形态，不经过刀工处理。

6. 熏

熏是将烹制（卤、蒸、烤、油淋）成熟、上味的原料放入熏炉中，使菜肴增加烟香味的方法。

7. 冻

冻是将制作成熟、刀工成型的烹饪原料，放入琼脂（或猪皮、猪肘、猪蹄筋）和清水（或清汤）制成的浓汁中，使之冷却凝成一体的方法。

8. 泡

泡是将制作成熟的食材（如凤爪），或可生吃的食材（如果蔬），用特定的味汁浸泡，形成特别的风味，如常见的泡凤爪、泡瓜条。

味汁有各种风味，如泡菜汁、酸汤、橙汁、草莓汁、蜜桃汁等。

三、川味经典精加工烹饪技艺

1. 糁

糁有鸡糁、鱼糁、虾糁、兔糁、肉糁、豆腐糁六种，前五种糁的主料分别是鸡脯、鱼肉、虾仁、兔柳、猪扁担肉。辅料均为猪肥膘或化油、鸡蛋清、味精、盐、水豆粉、水及葱姜汁、料酒。其中，鱼糁、虾糁、兔糁因为腥味较重，故应加适量的鸡糁或鱼糁；肉糁、鸡糁、兔糁与肥膘蓉的比例一般是 6：4；鱼糁、虾糁、豆腐糁与肥膘蓉的比例为 5：5。

2. 濛

濛用鸡糁裹于时令蔬菜嫩心或水发植物性干料上的一种精加工方法，仅用于清汤类菜肴。

3. 贴

贴是将两种或两种以上烹饪原料分别加工成形或制成半成品后，粘贴在一起的精加工方法，一般用于锅贴一类的菜品。

4. 酿

酿是将一种或多种配料加工成蓉糊或颗粒状，填入或裹上主料的一种精加工方法，前者称为暗酿，后者称为明酿。

5. 卷

卷是将主料制成片状（或以其自然形态）为皮料，放入加工成丝或蓉状的馅料，裹成圆筒形或如意形的精加工方法。其也有不用馅料直接用主料裹制成卷的。

第三节　川味中汤的种类与制作工艺

一、汤在川味餐饮中的重要性

俗话说：唱戏的腔，厨师的汤。有人认为，只有汤菜才用汤，其他的菜不用汤，这种观点不对，汤菜固然离不开汤，但其他菜同样离不开汤。正如川味中的各种"糁"一样，汤也是一种经过加工的半成品，是烹制菜肴，特别是高档菜肴必不可少的重要原料。

烹饪原料在菜肴中的地位，一般是由原料自身的品质和价值决定的，汤作为一种烹饪原料，在菜肴烹制中的使用十分广泛：一般来说，汤不能单独成菜，往往同其他原料合烹而成，高至山珍海味，低至时鲜蔬菜，无不需要与汤配合，只不过汤的品质、档次、种类和用量不同。在有的菜肴中，汤是当之无愧的主要角色，如开水白菜、鸡豆花、红汤口蘑、奶汤素烩、酸菜鱿鱼等，无论是从原料的档次还是从食用价值来讲，汤都居于举足轻重的地位；在有的菜肴中，汤以配角的面目出现，起到定味、增鲜、调色和保温的作用。俗语说，山珍海味离不得盐，就味而言，如只有盐，无论如何是不能将山珍海味的原料烹成珍馐佳肴的。燕窝、鱼翅、海参等名贵原料，多是无味或有异味的食材，要变无味、异味为美味，靠的就是汤。如干烧鱼翅的前期制作，是用好汤煨焙软和入味的；又如海参发软后，还要用清汤煨几次；其他如时令蔬菜、名贵菌菇，只有与汤同烹，才能各尽其妙。从这个意义上，我们可以说山珍海味离不得汤。此外，饮食行业在开始使用味精、鸡精、鸡粉之前，菜肴的鲜味几乎都是用汤来补充的。一些爆、熘、炒、烩类菜肴主要用汤来提取菜肴鲜味，即便是为一些冷菜增加鲜味，也是少不了汤的。

可以说，汤之为物，同时具有主料、辅料、调料三种职能和作用，而这种多职能的原料，在整个烹饪原料中是极少的。

二、汤的种类以及使用

川味的汤有多少种？笔者认为有 20 多种，如清汤、奶汤、浓汁汤、鱼汤、肥肠汤、红汤、鸡汤、鸭汤、牛肉汤、猪肉汤、素汤、头汤、二汤、杂骨汤、豆汤、酸辣汤、糊辣汤、酸菜汤等。汤从其档次、质地、味道、颜色角度划分，均可分为两大类：论档次有高、低之分；论质地有清、浊之别；论颜色有浓、淡之差；论味道有厚、薄的差异。档次的高低体现了用途的不同，川味中的高档汤主要指清汤、奶汤、浓汁汤、红汤、牛肉汤、鱼汤六种，它们多与名贵原料和时令佳蔬同烹成菜。所谓清、浊指汤给人视觉的质感，清则清澈见底，浊则浓白如乳，该清、该浊，应根据菜肴的要求而定。

做菜的汤，颜色均不宜太深，色深则暗，给人感观不好；清汤（也包括鸡汤、牛肉汤、鸭汤、素汤等）一般无色或呈淡黄色、淡绿色；奶汤和鱼汤（也包括头汤、二汤、杂骨汤

等）呈白色；红汤（也包括酸辣汤、糊辣汤、酸菜汤等）一般呈淡棕色或浅茶色。其具体运用，应根据配菜配色灵活掌握，如要求成菜大方美观、颜色素雅，以无色或白汤为佳；如原料自身颜色较深，当以红汤的效果为好，用白汤则颜色对比强烈，给人以不协调之感。汤味的厚、薄，主要指汤的本味和再加工的复合味，一般汤以吃本味为好（特别是高汤、原汁汤更应如此），少加或不加其他调料。但有的菜为体现风味或适应季节的需要，还要对汤的味道进行调制，如酸辣汤（用清汤调以盐、胡椒粉、姜末、醋、葱，是传统老式制法）、糊辣汤（在酸辣汤的基础上加芡）、酸菜汤（用清汤加泡青菜熬成，适宜夏秋季食用），以及用榨菜、冬菜、芽菜熬制的汤，"现代"酸辣汤是用泡青菜加野山椒烹制而成。

汤的运用虽然十分灵活，但主要还是应按菜肴的色、香、味的具体要求掌握，按宴席的高、低档掌握。同样一种汤，因为所配原料不同，在使用时就应有所区别，如糊辣汤与海参同烹（酸辣海参）当用清汤，但如与猪蹄筋、牛筋同烹，用一般的汤即可；又如干烧鱼翅等名贵菜肴，煨炖时用的清汤要好几千克，若以次汤充之，对菜肴的色泽、味道都有严重的影响，达不到规定的质量标准。所以，该用什么汤就用什么汤，不能以次充好，更不能偷工减料。

三、何为"六大汤"及制汤中应注意的问题

吊汤是技术，制汤是根本，不会制汤也就谈不上用汤，川味的汤有很多种，从何处下手

呢？我认为首先要学会制作"六大汤"，因为"六大汤"是作为高级厨师的技术要领之一，若学会了这一技术要领，其他的汤也就容易做。

1. "六大汤"

川味所谓的"六大汤"指清汤、奶汤、红汤、浓汤、鱼汤、牛肉汤，其中高档宴席以清汤、奶汤、浓汤为主。

（1）清汤。清汤是用土鸡、土鸭、猪排骨肉、火腿蹄子等加水用文火久熬而成的。汤清澈透明、味清鲜，有微微的淡绿色（或淡黄色）。清汤还有一般清汤和特制清汤之分，所谓特制，即是在一般清汤的基础上用扁担肉打成泥加一定的水调制，这种汤多用于较名贵的高档筵席大菜和工艺菜，如清汤燕菜、清汤鱼翅、清汤竹荪肝膏汤、蝴蝶海参等。

①一般清汤的制作。用到的原料有土母鸡1只（重约1500克）、鸡骨架250克、火腿皮或火腿骨500克、清水7000克、生姜25克。将以上原料洗净，姜拍松，放入炖锅，加入适量清水；将炖锅置于大火上烧沸，撇去浮沫，再用小火炖煮5~6小时。然后，将汤用纱布过滤，即可用于烹饪鱼翅、鱼肚、海参。

②高级清汤（上汤）制作。用到的原料有土老母鸡1只（重约1500克）、土老鸭1600克、猪排骨1000克、火腿肉250克、干贝50克、生姜25克、生鸡腿肉150克、鸡里脊肉100克、清水7500克。将鸡腿肉、鸡里脊肉分别剁成泥，待用；再将土老母鸡、猪排骨洗净，剁成大块，用沸水汆去血水，与其他原料一起放入炖锅内，烧沸，放入鸡腿肉泥，用勺轻轻搅拌一下，待肉泥浮沫上浮时，撇去浮沫，留下汤，烧沸，再将鸡里脊肉泥打散，放入汤内，烧沸。待鸡里脊肉泥上浮，用勺撇去，用纱布将汤过滤后，即可用于烹饪用燕窝、鲍鱼、鱼翅、鱼肚、海参。

（2）奶汤。奶汤是用鸡、鸭、猪肚（蹄）、猪肘加水用猛火煮成的，成品浓白如乳、味道醇厚，多用于奶汤鲍鱼、奶汤海参、菠饺鱼肚和白汁菜心等菜肴。关于制作奶汤的原料以及各原料在汤中的作用，行业中概括了这样四句话，"无鸡不鲜、无鸭不香、无肚不白、无肘不浓"。

（3）红汤。红汤是介于清汤和奶汤之间的一种汤，清不如清汤，浊又不如奶汤，有色有味。红汤是用鸡、鸭、火腿蹄子、猪肘、猪蹄、蘑菇、干茶树菇等加水用文火慢炖而成，直接用于菜肴的不多，其主要用于红烧鱼翅、红烧干鲍、干烧海参等大菜，是原料烩汁。

（4）浓汤。浓汤是以肉为主料熬制而成的汤，可适当加入猪肘肉、猪爪、猪肉皮、猪肚、土母鸡肉、棒子骨等。此种汤的特点是浓郁、汤白、味道醇厚、鲜香，作为高档鱼翅、鱼肚、海参、鲍鱼的烹调用汤。

①一般浓汤的制作。用到的原料有猪肘肉1000克、土老母鸡肉1000克、猪爪500克、猪肉皮500克、猪肚600克、猪胫骨500克、生姜25克、料酒25克、清水3000克。将猪肘肉、土老母鸡肉、猪爪、猪肉皮、猪肚洗净，汆去血水，剁成大块。猪胫骨拍破，姜拍松，待用；再将猪肘肉、土老母鸡肉、猪爪、猪肉皮、猪肚、猪胫骨、生姜、料酒一起放炖锅内，加入清水，置大火上烧沸，再用小火炖煮5~8小时。待汤色浓白时倒出。用纱布将汤过滤，除去渣，即可用来烹饪海参、鱼肚、鱼翅。

②高级浓汤的制作。用到的原料有猪肘肉1000克、老母鸡1只（重约1500克）、干贝30

克、土老肥鸭1只（重约1500克）、猪胫骨500克、火腿肉200克、猪瘦肉250克、生姜30克、白胡椒5克、料酒25克、清水3000克、植物油20克。将猪肘肉、老母鸡肉、土老肥鸭肉洗净，剁成大块，用沸水氽去血水。猪胫骨拍破，火腿肉切厚片，姜拍松；再将猪肘肉、老母鸡肉、土肥鸭肉、猪胫骨、火腿肉、生姜、料酒、水一同放入炖锅内，大火烧沸，再用小火炖煮6~8小时，至汤浓白时，捞出原料作他用；最后将猪瘦肉剁成肉蓉。炒锅内加入植物油少许，将肉茸炒散，再加入白汤，用大火煮15分钟，停火，撇去肉蓉浮沫，过滤出白汤，即可用于烹饪鱼翅、海参、鱼肚、鲍鱼。

（5）鱼汤。鱼汤应属于原汁汤，因鸡、鸭、牛肉、猪肉可与其他原料同烹，而鱼汤不能掺杂其他物品。鱼汤主要是用鱼肉、鱼骨、鱼头等加水用武火烹成的，成品色白醇香，除作菊花鱼羹锅的汤汁外，还可烹制鱼茸菜心、鱼羹面等以突出鱼鲜的菜肴。

（6）牛肉汤。牛肉汤通常需加工炖制6小时左右，火候先大、后小。熬制高级牛肉清汤还需加土鸡一起炖制，起锅前用鱼蓉"扫二次"，这样的汤是调配宴席牛肉菜肴的好原料。

2. 制汤中应注意的问题

（1）认真地选用原料。清汤、奶汤、红汤均要用土鸡、土鸭，尤其以土老母鸡、土老鸭为宜，这是因为老母鸡、老鸭的肉质粗韧、少脂肪、钙质含量高，不宜用于爆熘炒拌一类的菜肴。按中医的观点，老母鸡有祛风补血之功，老鸭有滋阴补肾之效，人们多用之炖汤，所以无论是实用价值还是食疗价值，老母鸡、老鸭均是理想的制汤原料。其他如猪排骨、猪肚、猪肘（包括制鱼汤的鱼）等，均要求新

鲜。干净的火腿蹄子、火腿棒子骨等也要求保持其应有的颜色和味道。只有做到了选料严谨，才能保证汤质的纯正鲜美。

（2）正确地掌握和运用火候。火候应包括两个方面，火力的大小和加热时间的长短。正确地掌握和运用火候，是制汤成功的关键，如制清汤，就要掌握火力大小、加热的时间，并随时观察汤的变化；又如制奶汤，先用大火将水烧开，除去浮沫后，再用旺火加盖，使之保持沸腾状，直至汤白汤浓，香味溢出；如制浓汤，需用土鸡、土鸭、火腿、棒子骨、猪肘、猪皮，用大火将水烧开，并除净浮沫后加盖，保持沸腾使之又香又浓为止。

（3）注意除异增鲜。用于制汤的原料，大多有不同程度的腥味和异味，因此在制汤时应用一些避腥原料除去异味，增加鲜味。制鱼汤，应酌量加姜、葱和绍酒；制红汤，除加姜、葱、绍酒外，还要加酱油（提色）、盐（提味）；制奶汤，虽然不加这些调料，但在使用时，往往都要"打葱油"（锅烧猪油，下姜、葱炒香，掺汤烧开，捞去姜、葱）。调料的用量应根据汤的多少而定，笔者的经验是：宁少勿多，多了势必要影响汤的本味。

（4）保持汤的清洁。首先要选择干净的制汤用具；其次是确保所用原料整洁干净；最后是除尽制汤过程中产生的浮沫、血沫和渣滓。清汤容不得半点渣滓和油珠的，即便是奶汤，也应做到洁白无瑕；鱼汤更要特别注意，否则一根鱼刺未除，会功亏一篑。在具体制作各种汤时要求前紧后松：前紧指原料入锅加水烧开后，血沫不断出现，这时厨师要不断地打捞，直到捞尽为止，有的原料可能会藏污纳垢（如鸭、鸡的腹腔），煮到一定时间，还要将其捞

出，用温水洗净后再投入汤内；后松就是浮沫、渣滓除尽以后，按照所需的火候进行烹制，这时用不着寸步不离，只要随时注意汤的变化。

汤是做菜的好原料，是厨师的好帮手，"常用汤"是川味的一个重要特点，"善于用汤"是川味的一个优良传统，在这里，笔者要向川味青年厨师进一言，请"惜"好汤吧，惜好汤是你的本领，惜好汤是菜肴的美味。

第四节　炼制香、红、辣的"红油"配方

一、调料配方

贵州干海椒 3.5 千克、二荆条红干海椒 1.5 千克、洋葱片 1250 克、香菜根 250 克、大葱节 500 克、老姜片 250 克、白醋 400 克（1 瓶）、砂仁 10 克、草果 10 克、肉桂皮 8 克、八角 8 克、灵草 10 克、千里香 8 克、小茴香 8 克、干黑桃 6 个、白蔻 12 克、芝麻 300 克、菜油 20 千克。

二、炼制过程

（1）两种干海椒剪节。

（2）大锅烧热，倒入菜油 100 克，用小火，待油热后倒入干海椒节炒香（大约不断左右翻炒 15 分钟，不要炒煳）。干海椒节起锅，放冷后，打成海椒面，倒入能装 25 千克以上的大桶内，倒入白醋 400 克，洒在海椒面上，用大瓢将海椒面拌均匀，待用。

（3）大锅置火口，烧热后，倒入 17.5 千克菜油，将油炼熟（见青渍带白色），油温 160 摄氏度左右，熄火，分批放入洋葱片、老姜片、大葱节、香菜根。将菜油炼香，将以上调料从油内捞起，留作他用。

（4）锅置火口，油温烧至 120 摄氏度，放入以上其他调料，再快速将热油倒入已调好的海椒面桶内，用大铲快速、反复翻铲均匀，最后加入芝麻，封存 24 小时即成。

此"红油"具有红、香、辣的特点，是制作凉菜、面食、小吃的好调料。

第五节　传统"复制酱油"的熬制

一、原料配方

八角 8 克、草果 8 克、砂仁 8 克、白蔻 8 克、小茴香 6 克、肉桂 6 克、栀子 6 克、灵草 5 克、香叶 5 克、白胡椒面 3 克、红糖 500 克、德阳老抽酱油 200 克、老姜片 150 克、大葱节 150

克、食盐 30 克、鸡精和味精各 10 克、干水豆粉 150 克、清水 2500 克、红曲米水 250 克。

二、熬制过程

将清水 2500 克，红曲米水 250 克倒入锅内，放入八角、草果、砂仁、白蔻、小茴香、肉桂、栀子、灵草、香叶、红糖（切细）、白胡椒面、德阳老抽酱油、老姜片、大葱节等，用小火熬制 40 分钟左右，待熬制的"复制酱油"香气扑鼻时，再将以上调料捞出，勾入水豆粉，最后放入鸡精、味精，冷却后放入冰箱保鲜层保存，待用。

三、注意事项

传统"复制酱油"是做传统蒜泥白肉、钟水饺、咸烧白等菜肴的极好调料。

第六节　火锅底料配方及炒制
（以郫县豆瓣 25 千克为例）

一、原料配方

配方 1：郫县豆瓣 25 千克、八角 350 克、山柰 350 克、香草 350 克、香叶 350 克、小茴香 450 克、千里香 350 克、桂皮 350 克、汉源红花椒 1000 克（不打粉）、草果 400 克、白蔻 400 克、紫草 400 克、甘草 350 克、砂仁 450 克（以上打成粉）、生菜油 25 千克；胡椒粉、豆豉粒、冰糖、醪糟、鸡精、鲜香粉、麦芽酚、适量鸡油（土鸡油最好）、一级藤椒、二荆条干海椒节、朝天椒干椒节、老姜片、大葱节等适量。

配方 2：（炒制传统老牛油火锅）牛油 60 千克、菜油 15 千克、猪油 5 千克、土鸡油 10 千克、火锅红油豆瓣 25 千克、洋葱 5 千克、大葱 1 千克、老姜 1 千克、豆豉粒 750 克、醪糟水 1 千克、冰糖 500 克、胡椒面 200 克、八角 250 克、山柰 200 克、桂皮 250 克、灵草 250 克、草果 200 克、白蔻 250 克、香叶 200 克、千里香 200 克、甘草 200 克、紫草 200 克、砂仁 250 克、香果 200 克、荜拨 250 克、小茴香 250 克、鲜红二荆条干海椒 5 千克、贵州红干海椒 4 千克、汉源青溪镇红花椒 1250 千克、鸡精、味精、纯高汤（事先熬好）。

二、炒制过程

（1）纯菜油 25 千克，油温烧至 160 摄氏度左右，不要有生菜油味。停火，待油温冷却至 100 摄氏度左右，将郫县豆瓣倒入锅内，用中、大火翻炒 2 小时左右。待郫县豆瓣炒干水分后，放入已打好的各种调料粉，改为小火，继续翻炒 1 小时左右。起锅，待用。注意一定不能在锅内炒煳，影响口感。

（2）炒制底料起锅后，将油和已炒好的调料分开，分别保管。

（3）用高汤熬制"糍粑海椒"。将二荆条干海椒节洗净后，放入高汤熬制1小时，捞出。将已煮的海椒节用菜刀剁细，再放入原高汤内熬制汤汁。待汤汁已是"红水"，停火，待用。一般用大桶熬制。

（4）上桌。在火锅盆中装入已炒好的干豆瓣调料1000克、火锅油1500克、鲜油150克、"糍粑高汤海椒水"2500克、冰糖10克、醪糟80克，胡椒粉、鸡精、鲜香粉、麦芽酚、一级藤椒、二荆条干海椒节、老姜片、大葱节适量，配好上桌。

其特点是色泽红亮、味道麻辣、口感鲜香，可制作地道的川味火锅。

三、补充说明

（1）如制作"不上火的火锅"，可将金银花、麦冬、胖大海打成粉加入锅内。

（2）如推火锅鸡、火锅兔、火锅鱼。先用料酒、盐、姜、鲜香粉给原料码味，味道鲜香。

（3）如推传统老式火锅，1锅加250克炼熟的牛油熬制。

第七节　卤水制作配方及应用

一、原料配方

甜当归、党参、香草、八角、山奈、肉桂、小茴香、草果、白蔻、香果、千里香、香叶、砂仁、甘草、胡椒粉、花椒、干海椒、大葱、醪糟汁。

以上原料除干海椒、老姜、大葱外，其余原料应包入纱布口袋中。

若想保持卤菜色泽5~7天不变色，可按原有卤水比例加入适当的冰糖汁、红曲米汁、栀子汁。若想使卤水汁增鲜、增香、提味，可根据原卤水的量加入适量的鲜香粉和麦芽酚。

二、码味处理

需要事先码味的配料（各种调料打成粉）按夏天4~5小时、冬天8~12小时进行码味处理。

原料：白芷粉、千里香粉、香草粉、山奈粉、胡椒粉、鲜香粉、料酒、醪糟汁、老姜粉、大葱、食盐（食盐比例：按5千克重食物，140克为宜）。

三、传统夫妻肺片白汁卤水

1.原料配方

山奈6克、草果6克、香果1个、砂仁6克、陈皮8克、甘草8克、甘蔗尖1小节、白胡椒面4克、料酒100克、老姜150克、大葱150克、煮牛肉高汤5千克。

2.熬制过程

将煮牛肉高汤倒入锅内，再将以上调料放

入锅内，大火烧开后，用小火熬制40分钟左右，起锅，用双层纱布过滤，不要调料。即可成为拌"夫妻肺片"的白汁卤水，冷却后，放入冰箱保鲜层待用。

第八节　蒜蓉的制作

一、制作熟蒜蓉的步骤

（1）大蒜300克去皮，切片后剁碎成小颗粒状，取2/3用水清洗一下，然后控干水分备用。

注意：大蒜剁碎之前不需要洗，尽量用刀切或剁碎。

（2）锅里加入200克油，大火烧热，放入洗净的葱段炸至金黄，捞出丢弃。

注意：葱段控干水分再下锅，避免爆油。没有葱也可以不放。不过有了葱，油的味道会更香。

（3）关火，等油温下降一些，加入大概2/3的蒜蓉，搅拌一下再开最小火慢炸，其间需要多搅动，特别是锅边的容易焦煳。

注意：如果不放葱的话，油温二成热即可下蒜蓉，不然油温太高，蒜蓉下锅容易粘锅、焦煳，导致味道发苦。

（4）待大部分蒜蓉上浮到油面时，蒜蓉微微发黄。关火，然后倒入剩下的1/3蒜蓉，搅拌一下，马上出锅。如果喜欢吃辣椒，可以加少许小米辣。

注意：不要放锅里晾凉，锅里的油温还是很高的，煳了就会发苦。

（5）起锅，盛出后加盐、白糖、适量胡椒粉、生抽、蚝油，拌匀晾凉。

一般放冰箱冷藏15天左右吃完，不建议放久。

注意：装蒜蓉的容器要用开水烫过消毒，控干水分。如果做得多，15天吃不完的话，不建议加生抽、蚝油，多加调料不易于保存，等需要用的时候再调味。盐、糖有一定的防腐作用。

二、制作生蒜蓉步骤

（1）大蒜100克去皮剁碎成小颗粒状。

注意：大蒜不需要洗，有生水不利于保存。尽量用刀切或剁碎。虽然现在有工具可使加工省时省力，但剁出来的有颗粒的蒜蓉才香。

（2）碗里加入适量的盐、糖、胡椒粉、生抽（20克，陶瓷勺2平勺）、蚝油、香油，再加入剁碎的蒜蓉拌匀即可。

第九节　鱼香味（热菜用）调料

一、原料配方

成都鹃城牌郫县豆瓣 500 克（用菜刀剁细豆瓣）、四川泡海椒 2 千克（需去籽，剁细泡海椒）、四川泡生姜 400 克（需用菜刀剁细）、四川大独蒜 600 克（需用菜刀剁细）、白糖 325 克、四川保宁醋 350 克、生抽 100 克、高汤 800 克、水豆粉适量、熟菜油 750 克、猪化油 500 克、醪糟水 200 克、鸡精 100 克、味精 75 克、小香葱葱花 300 克。

二、制作过程

（1）锅置火口，把锅制好，使其不糊锅，倒入熟菜油、猪化油，油温烧至 150 摄氏度左右，放入豆瓣、泡海椒、泡生姜、大葱颗粒，用中火将调料炒香。以上调料将要炒干水分时，快速倒入醪糟水、白糖。在锅内炒香，1 分钟后倒入高汤，烧开。放入鸡精、味精，勾水豆粉，起锅前放醋，约 15 秒后，起锅，撒上小香葱，拌均匀。

（2）注意事项。

①掌握好泡海椒、豆瓣、姜、葱、蒜的炒制火候。

②掌握好鱼香味的咸淡及糖、醪糟的比例。

③把握豆瓣的咸淡及泡海椒的咸淡。

④掌握每一个细节的火候。

（3）鱼香味风味特点：咸、辣、酸、甜四味兼备，葱、姜、蒜香味浓。

第十节　烤全羊的制作

一、原料配方

豆瓣老油配方：红皮洋葱 2.5 千克（切片）、大葱节 500 克、老姜片 400 克、香菜 500 克（切段）、锅内下纯菜油 5 千克。

炒制过程：油温烧至 240 摄氏度左右，分两次把以上调料下锅炸香。保持油温在 240 摄氏度左右时下锅炸制（注意不要把洋葱等炸煳），捞出待用。

二、制作过程

1. 清洗浸泡

全羊洗净后，放入一个池内浸泡。

浸泡调料：料酒 7.5 千克、纯净水 5 千克、食盐 350 克、老姜片 600 克、洋葱 1 千克、大葱 1 千克、胡椒面 30 克、鸡精 250 克。

方法：把全羊放入池内，每半小时翻动一次，浸泡 3 小时左右，捞出晒干水分待用。

2. 炒料

锅内油温 180 摄氏度左右时，放入细豆瓣 3.5 千克、八角 30 克、草果 30 克、桂皮 30 克、砂仁 30 克、小茴香 50 克、山柰 30 克、香叶 30 克。将蒜苗切丝，油温 180 摄氏度左右下锅，将豆瓣炒干水分捞出，成老油。

3. 烤制

在烤制全羊时，每次用刷子将油刷在烤羊的表皮，直至全羊烤熟时。再刷上事先准备好的二流芡，撒上辣椒面、花椒面或孜然粉，这时全羊表皮酥脆即成。

三、注意事项

（1）全羊从池里捞出，一定要晒干水分后再烤。

（2）每次烤干油后，再刷老油。

（3）快烤好时，一定用小火烤，以免烤煳。

（4）即将烤好时，刷一层事先准备好的二流芡，再撒上海椒面、花椒面或孜然粉，烤至表皮酥脆时即可取下。

第十一节 风味酱肉调料配方及制作

一、原料配方

食盐 1600 ~ 1700 克、甜酱 8 克、冰糖 300 克、胡椒面 250 克、鲜香粉 300 克、鸡精 300 克、醪糟 200 克、白酒 100 克、白芷 60 克、千里香 60 克、香叶 30 克、八角 60 克、山柰 50 克、小茴香 50 克、桂皮 60 克、草果 40 克、花椒（刀口花椒）50 克、十三香粉 1 包、红曲米粉 120 克。

二、制作过程

将以上调料炒香，打成粉。将全部调料拌均匀，码味入鲜肉。放入容器内腌制 5 ~ 6 天，每天不断翻动两次。第 6 天取出，晾晒干。待干后用塑料袋包好，放入冰箱急冻。随时取用，清洗干净，上笼蒸 25 分钟即可。

第十二节 麻辣牛肉香辣酱的配方及制作

一、原料配方

鲜净牛肉 300 克、熟菜油 300 克、炼好的红油（海椒面）350 克、永川豆豉 1000 克、富顺香辣酱 1 瓶（350 克）、熟芝麻 100 克、汉源花椒面 25 克、酥花生粒 120 克、白糖 50 克、香油 30 克、味精 25 克。

二、制作过程

（1）先将永川豆豉用 25 摄氏度热水浸泡半小时左右，捞出晒干水分，待用。将豆豉切成小颗粒，待用。

（2）将鲜净牛肉切成筷子头大小的丁。锅内放入熟菜油（温度不能过高），在锅内煸瘦牛肉丁至干香后，起锅，待用。

（3）将锅洗干净后，烧热，放熟菜油，烧至 150 摄氏度左右，将豆豉放入锅内，煸干香，无水分，起锅，待用。

（4）锅内放熟菜油，烧至 150 摄氏度后，倒入富顺香辣酱，炒干水分，起锅，待用。

（5）将各种调料放入冷锅内，将各种调料品调拌均匀后，即成麻辣牛肉香辣酱。

三、注意事项

（1）炼制红油按原来方法。

（2）炒制调料时注意掌握火候，不要炒煳，影响口感。

（3）炒制前，要制好锅，炒时要不断翻炒，不要糊锅。

（4）最后拌各种调料时，不用火。已成品时，掌握好调制酱汁的咸淡及香味。

（5）麻辣味适度，牛肉粒香酥可口，口感很好，是下饭的好菜。

第十三节　干花椒的保存与花椒油的制作

花椒是川味重要调味品，用好、保存好花椒非常重要。

一、新鲜干花椒的保存

以 500 克干花椒为例。将 500 克干花椒分成 50 克一份，每 1 份用塑料食品袋反复包裹紧密，一般要包 8~9 层，以保证不漏气。然后将分包好的干花椒集中放在一个大塑料袋里，包裹 2 层封好，放入冰箱。这样能封存花椒的味道，有效延长使用期。

二、花椒油的制作

遇到特别好的花椒，可以通过制作花椒油，将好花椒的味道保存下来。具体方法如下。

将菜籽油放入油锅内炼熟，油温约 230 摄氏度。关火，待油温降至 140 摄氏度时，将花椒放入油锅炸制。炸制时关火，盖上锅盖，焖 1~2 小时。再将花椒捞出，换油。仍然是先将油炼熟，关火，置冷，待油温 140 摄氏度左右，将捞出来的花椒再放进油里炸制，盖上锅盖，焖 1~2 小时，再将花椒捞出。然后，将两次炼制花椒的油合在一起。这时，花椒味道都被炼到油里了，花椒油保存了花椒的味道，可长期使用。需注意的是，在制作菜肴时，起锅前放花椒油，若花椒油放早了，味道会挥发。

第十四节　食材干品发制工艺

一、海参发制工艺

海参有 200 多个品种，分为上、中、下三等。其中，比较好的等级是灰刺参，呈瓦灰色，肉质好。不同品种有不同的发制方法。海参的一般发制方法类似熬制中药的方法。先用温水泡制 6 小时，泡软后，放入烧开的水里泡制。在砂锅里泡制，要注意保证海参浸在水里面，不下沉。因为海参发制过程中会产生胶质，在熬制过程中，容易粘锅。为保证海参不粘锅，一般用竹萚子将海参托起来，也可用熬过的骨头垫在锅底。在砂锅里熬制海参后，捞起，用剪刀将海参破开，将肚肠清洗干净，再用高汤熬制，待用。

熬制海参的方法：先将海参放在水中，烧开几分钟后，离火，泡在热水中发制。有的海参表皮有硬刺，传统的做法是先用火燎一下，没有明火后，再将海参埋在子母灰（柴火灰或谷草灰）里，大约 2 分钟，要根据海参的大小与灰的温度决定。海参就会自动发涨。然后取出，再用热水泡，待海参发涨后，再用牙刷将海参表面泥沙刷干净。用谷草垫在下面，继续泡 24 小时。没有子母灰的情况下，也可以用炒盐发制。先将盐炒黄，再将海参埋在盐里面，海参受热后，自动发涨。然后取出，用热水泡 24 小时，注意要反复换水。

还有一种更简单的方法，先将海参用温水泡软，洗净，再将海参放进保温瓶里，倒入刚烧开的热水，盖上瓶盖，泡一晚上，海参就发好了。但是，要注意海参的大小，确保海参发涨后，可以从保温瓶里倒出来。

海参也可以用油发。将海参在 120~140 摄氏度油中浸泡，待海参发涨后，捞出，用面粉将海参表面的油洗掉，再用温水泡。因为油发效果要差一点，所以一般不采用。

海参发制好后，用剪刀从海参有洞的一端插进去，剪开，掏尽肠肚、泥沙，再用清水泡着，待用。在使用前，将海参切成斧头片，反复漂洗干净后，再用高汤或浓汤烹制入味。

有些中低档海参，如乌参、虎皮参等，有时会有涩味（四川话：夹口）。需要将发制好、切好片的海参用白醋余一下。注意：因为海参已经发制好，不能久煮。涩味重的可以多余几次，再漂洗干净。

二、鱿鱼发制工艺

干鱿鱼分为两种，一种是风干鱿鱼，另一种用海盐制过的鱿鱼。海盐制过的鱿鱼盐味重，要先将表面的盐粒洗净，再用温水泡。一般水发鱿鱼需要泡 3 天，有些好的鱿鱼要泡 4 天。最好用淘米水泡，每天换一次水。待鱿鱼发涨之后，将表面的血筋、皮筋撕掉，改刀。改刀后泡在水里，待用。

鱿鱼也可以用小苏打或食用碱发制。小苏打、食用碱一定用粉末状的，不能有颗粒。大约 500 克干鱿鱼用 50~100 克小苏打或食用碱。

用食用碱发制分两次，一次 50 克左右。发制方法：先将小苏打或碱粉抹在鱿鱼表面，一定要里外都抹到。然后，用热开水冲发，或者盖上锅盖，在里面焖发。发酵一般 1 小时左右，要随时关注发制的情况。注意鱿鱼的厚薄，厚的要剥离，多泡一遍。一些小的鱿鱼，碱多了会发化。当鱿鱼发涨后，要在开水中氽几道，将碱味氽掉，漂洗后，用清水泡着，待用。

将发制好的鱿鱼表面的血筋、皮筋撕掉，改刀。有些鱿鱼发制后会比较厚，一般用片刀法。

鱿鱼一般做法是家常鱿鱼、鱿鱼什锦，下锅不宜久煮，一般 1 分钟左右，时间长了鱿鱼会缩筋。鱿鱼缩紧后质地会变硬。所以，烹制鱿鱼一定要快，在汤汁里将其浸透入味就行了。烹制约 1 分钟，表皮有味即可出锅。将汤汁调好味，淋在鱿鱼上面。

三、墨鱼发制工艺

发制墨鱼和发制鱿鱼差不多。一般墨鱼体积小些，有些墨鱼较厚实，要掌握好发制的时间。有些墨鱼的皮筋较厚，要分类发制，随时观察发制情况，掌握好放小苏打或食用碱的比例。

四、猪响皮发制工艺

猪响皮以猪臀尖肉皮为佳。猪前半部分的肉也可以做响皮，只是效果没有那么好。先将猪皮剥离下来，去净毛，将猪皮里面的油刮干净，煮 30 分钟左右，捞出放在菜墩上，用刀在猪皮两边切个洞，再用长短合适的竹片将猪皮撑开，挂在通风处晒干。

将晒干的猪皮用热油发制。油温 100 摄氏度左右，泡制 2 小时。然后将油温升至 170 摄氏度，不能太高。用瓢和钩子抓住肉皮，让它受热均匀。这时猪皮开始爆泡，要注意安全，避免烫伤。待猪皮发泡均匀后，捞出，晾晒，响皮就制好了。

使用响皮前，先用 20 摄氏度左右的温水泡软，然后捞出，用面粉揉，再洗净，反复几次，将响皮里的油脂洗干净。有些发制好的响皮很厚，用斜刀片薄。清水泡发，待用。一般使用前用汤氽一下，这样更入味。

在传统川菜中，如传统的烧什锦、杂烩中，都会用到响皮。现在许多传统的烹制方法被遗忘了。

五、蹄筋发制工艺

各种蹄筋的发制方法基本是一样的，有油发和水发两种，一般水发的要软糯些，口感要好些。

油发蹄筋的方法：先将蹄筋放在 100 摄氏度左右的油里浸泡，发制 2 小时左右。捞起，放在 170~180 摄氏度的油温里炸制。此时，蹄筋会膨胀发泡。如果厚一点的蹄筋没有起泡，可放入热油里再炸一下。此时，要注意操作安全。将炸制起泡后的蹄筋捞起，撒上面粉，用面粉将蹄筋上的油脂擦干净。再用温水反复清洗干净，待用。

六、鱼肚发制工艺

葫芦鱼肚一般用油发制：葫芦鱼肚比较厚实，有 0.8~1 厘米。这样厚实的鱼肚，放在 80 摄氏度左右的油锅里发制 6 小时左右。待鱼肚泡软、发涨后，捞起来，放在菜板上，用刀的后部用力将鱼肚片薄，统一片成 0.8~2 厘米的厚度。将片好的鱼肚一片一片放在锅里炸，油温为170~180摄氏度，注意油温不要过高。此时，鱼肚会自然起泡。发好之后，用面粉反复搓揉，去掉油脂，再放入清水中清洗干净，待用。

盐发鱼肚工艺：先将食盐放入锅内，炒至80摄氏度左右时，将鱼肚片放入锅内，与盐一起炒制，注意此时火候不能太大。翻炒至鱼肚受热膨胀，均匀起泡，捞出待用。用盐发制比油发好，不需要用面粉搓揉，发制效果更好。

油发鱼肚工艺：先将鱼肚放在75摄氏度左右的油里，浸泡1.5小时，当鱼肚慢慢发软，出现小白点，卷起时，捞出。锅内油温烧至180~200摄氏度时，将鱼肚放入油锅里炸，直至鱼肚全部发白、泡起（此时，注意预防油爆出烫伤）。发制好的鱼肚应放在20摄氏度左右的温水里浸泡，这时候放一点面粉反复吸干油脂后，再用冷水浸泡，待用。

鱼肚可以做传统川菜，如什锦鱼肚、三鲜鱼肚等。

七、鲍鱼发制工艺

鲍鱼一般用水发制。鲍鱼品种比较多，干鲍鱼不太大，一般用纯净水发制，泡24小时换一次水。如果天太热可以放在冰箱冷藏泡发，24小时换一次水，泡2~3天。再将泡好的鲍鱼放在盆里，上锅蒸2小时。如果此时鲍鱼还硬，就需要反复蒸，直到鲍鱼发软为止。

南非鲍鱼个头比较大，大的干品直径有10厘米左右。这种大鲍鱼一般需用热水浸泡2~3天，再放在30~40摄氏度的温水中浸泡48小时。待鲍鱼发软后，用牙刷将鲍鱼周边的泥巴刷干净，之后放在水温高点的纯净水里继续浸

泡24小时。然后捞起，上锅蒸。鲍鱼发软后，用牙签（或带刺的工具）在鲍鱼上扎上眼，再泡，使其软度均匀为止。

鲍鱼一般用浓汤煨制。在煨制过程中加少许酱油，不用鸡精、味精（因浓汤有自然鲜味），煨好后勾芡即可。

八、花胶发制工艺

将干花胶放在碗里，用热水泡24小时后，上笼蒸30分钟，再放在冷水中浸泡24小时，每24小时换一次水。待花胶软硬度合适后，捞出，用开水浸泡3.5小时，待用。

九、燕窝发制工艺

燕窝的品种比较多，上品燕窝（金丝燕）质地透明，一般用开水闷泡的方法发制。发制时，投入少许炭灰，可起到碱性发制的作用。用炭灰发制有四个方面的好处：一是使发制好的燕窝色泽更加洁白；二是使燕窝发透，回软；三是可除去杂质和腥气（因燕窝是从燕子口中吐出来的液体结成，有一定的腥味）；四是炭灰清水可保持燕窝的营养成分不被破坏。但要注意，发制一定要用白色的炭灰。

发制燕窝时，先将燕窝泡在80摄氏度左右的热水中，使其自然发涨3~4小时后，用镊子去掉绒毛和其他杂质。这样使燕窝慢慢地充分吸收水分，可保持燕窝的营养成分和形体整齐。如果燕窝涨发得不够软糯，烹饪时会影响口感。如用质地较差的燕窝，则不易除去杂质和气味，会影响烹制菜肴的口味。

燕窝经过泡制发制后，还需要蒸制。一般需要上蒸笼蒸1.5小时后取出。蒸制可保持燕窝的营养，使其松软发糯，入味鲜嫩，汤汁澄清。燕窝一般宜做甜品，也可以做高级清汤的咸鲜味菜品。

十、鱼翅发制工艺

1. 泡发工艺

鱼翅先放在大盆内浸泡，水温75摄氏度左右，浸泡12小时左右，使干鱼翅整体回软；再放在锅内，小火煮开，煮制1~3小时（时间要根据鱼翅发软的情况决定）。待鱼翅发软后，用手搓去脱落的腐肉，然后用小刀沿着鱼翅生长的方向刮膜，进一步去掉腐肉。此时，水温应在40摄氏度左右。用镊子一根一根夹出，待用。

2. 涨发工艺

用剪刀沿着鱼翅的薄边，剪去0.5厘米。然后，将鱼翅放在75摄氏度的热水中，浸泡12小时。要保持水温在75摄氏度左右，待鱼翅浸泡发软后将鱼翅放在锑锅内，焖煮3~6小时后退沙，再放在热水中除去鱼翅根部的腐肉和中间的软骨，然后用竹网将鱼翅夹紧，避免鱼翅变形。之后将鱼翅放在蒸笼内，蒸制3~5小时，待鱼翅滑利，再放入冷水中浸泡，取出晒干，待用。

第十五节　刀工的意义和作用

一、刀工及其作用

刀工就是根据烹调和食用要求，运用不同的刀法，将烹饪原料加工成一定形状的操作过程。常见加工形状包括丝（头粗丝、二粗丝、细丝、银针丝）、丁、片（长方片、柳叶片、襄衣片、骨牌片、刨花片）、块（长方块、大方块、小方块、菱形块、滚刀块）、条（大一字条、小一字条、筷子条）、粒（黄豆粒、绿豆粒、米粒）、末、蓉泥、其他（刀花、麦穗、襄衣、雀翘、荔枝、凤尾、松花、菊花等）。因此，刀工对菜肴主要有四方面的作用：便于食用、便于烹调、便于入味、增进美观。

二、常用刀法

切：直切、推切、锯切、拉切、铡切、滚切。

砍：直刀砍、跟刀砍、拍刀砍。

剁：单刀剁、双刀剁。

片：平刀片、拉刀片、推拉刀片、斜刀反片、斜刀正片。

剞刀（又称十字刀）：直刀剞、斜刀剞、反刀剞。

剔，又称整斜除骨。

第十六节　全猪各部位用途

一、猪头

猪头多用于腌、拌、烧、卤、炒等。

1. 豆渣猪头

（1）原料。

整猪头一个（约 4.5 千克）、化猪油 450 克（用不完）、生细豆渣 1.25 千克、料酒 250 克、冰糖水 50 克、八角 4 个、草果 3 个、老姜 50 克、花椒 20 颗、鸡精适量、酱油 50 克、大葱 100 克、胡椒 10 颗、醪糟 125 克、高汤 2 千克、盐适量。

（2）制作方法。

①选用干净去毛猪头一个（不要猪耳），用小刀将猪头剔尽骨头，然后锅中倒入 5 升清水。将猪头肉和骨头一起放入锅内，用旺火煮 5 分钟左右捞出，用清水洗干净待用。

②将豆渣放入大碗中用大火在蒸笼蒸至 20 分钟左右，出笼晾冷，用干净布将豆渣中的水分挤干，待用。锅置火上，放入化猪油，烧热，倒入豆渣不断翻炒，待豆渣炒制浅咖啡色时（豆渣已炒酥），会吐油，撇去余油，放入食盐、鸡精，起锅待用。

③洗净姜、葱，用刀拍破，用纱布将姜、葱、花椒、八角、草果、胡椒包好待用。

④将高汤、料酒、醪糟、冰糖水、盐、调料包一起放入大锅中。将猪肉里面切成十字花刀。用猪骨垫底，再把猪头肉放入锅中。旺火烧开后，用中火烧 2 小时左右，倒入大圆窝盘内，另将已炒好的豆渣放在周围，即成。

（3）特色。

颜色金黄，"金沙香酥"，肉质肥而不腻，口感浓香爽口。此菜为川菜传统名菜。

2. 腌头肉（腊猪头）

（1）原料。

猪头肉 5 千克、盐 140 克、花椒 30 颗、料酒 100 克、鸡精 20 克。

（2）制作方法。

将猪头除毛，洗净，去其全部骨头。将以上调料混合均匀，用手均匀涂抹在猪头内外，放于盒内，待 3 天后翻转再腌，至 7 天后出盒。用绳子穿猪鼻孔，挂在通风处，待水气晾干把猪头内里压平顺，压上一块板子，使其压扁，再用竹棍将猪头耳下端伸直，置于烟上，腌熏至金黄色为度。肉干后，即成。

3. 酱猪头肉

（1）原料。

净猪头肉 5 千克、盐 140 克、鸡精 20 克、醪糟 50 克、花椒 30 克、五香粉 20 克、甜酱 150 克、白糖 30 克、酱油 100 克。

（2）制作方法。

将以上调料混合均匀，涂抹于猪头肉内外，腌法如以上，挂于通风处晾干，即成。

4. 金钱猪头

其操作过程同酱猪头肉，但注意要多压一段时间。压定形后修圆猪头、裙边，形似金钱（圆形），故名"金钱猪头"。

5. 香糟猪头肉

将猪头肉洗净去骨，在开水锅内煮约 15

分钟捞起，切成 0.5 厘米宽，3 厘米长的片。菜油烧至 6 成热，将猪头肉放入锅内，煸香时即放盐、酱油、生姜（拍破）、花椒 20 余粒和匀，再放入醪糟。煸 10 分钟后掺入清水，以淹没猪头肉为度。烧开后，移至文火慢炖，至软时放入鸡精，将肉捞至盆内，在锅内勾少许水豆粉，适量白糖、味精，收汁淋于肉上，即成。

此外，猪嘴（拱嘴）、猪耳朵（顺风、耳叶子）可切丝、片，拌成椒麻、红油、麻辣、怪味、姜汁味型。鼻嘴、天花板可作为火爆核桃肉，卤、拌均宜；头脸肉可作为回锅、咸烧白。

二、猪内脏用途

1. 舌
其可腌、卤、拌、三鲜、杂烩、配什锦、烧筋尾舌、火爆等。

2. 肝
其可做火爆肝片、软炸肝糕、金银腌肝、土匪猪肝、肝腰合炒、炒杂拌、腌、卤、拌，做肝糕汤等。

3. 腰
其可做清汤腰方，清汤腰片，火爆各种腰花、腰块，软炸腰花，软炸腰块，锅贴腰片，网油腰卷，还可配什锦、炒杂拌等。

4. 尾巴
其可做拌、蒸、卤、烧、干煸等菜品，如烧筋尾舌等。还可烧、卤、拌等，晾干后也可水发。

5. 蹄筋
其可做油放生烧，制法有烧、卤、酸辣等。

6. 心、肺
猪心用于火爆心片、炒杂拌，凉拌心片、烧什锦、烧三鲜；猪肺可做猪肺心汤、菠饺银肺、杂烩等。

7. 猪肚头
其可做火爆肚头、软炸肚头、玻璃肚头，可配于软炸双脆、火爆双脆、配什锦、三鲜、红烧各种肚条，配大小杂烩、清蒸杂烩、腌、卤、拌配各种拼盘等。

8. 肚子
其可配制沙锅鱼头、坛子肉等（丝、片、条），也可做麻辣缠丝肚、太极肚卷。

9. 大肠
其可做红烧肥肠、拌肥肠、蒸肥肠、卤肥肠、肥肠汤、肥肠绿豆汤。

10. 大肠头
其可做火爆肠头、八宝酿肠头，也可做清炖菜品、软炸扳指等。

11. 小肠
其可做红烧粉肠、红烧帽结子、芽菜拌粉肠、生爆火炮筒、肥肠粉、油条粉肠汤。肠皮可装各类香肠。

12. 板油
其可用于各种甜点心心子，汤圆心子也可做羊尾酥、麻丸肉，还可配合菜油炒菜炼油等。

13. 足油（网油）
其用于虾卷、鸡卷、枣卷、鸭卷、包烧鱼、包烧鸡、清蒸青鳝、清蒸江团，以及炼油等。

三、其他各部位用途

1. 项圈槽头肉
其可用于回锅肉、红烧肉，也可作臊

子等。

2. 前夹

其用于凉拌，去骨皮后肥瘦相连处可做肉丝、肉丁、肉片，连皮也可作连锅汤，扇骨上端的眉毛瘦肉可做包肉丝片。其还可做"狮子头"酱肉丝、水煮肉片、代替里脊做宫保肉丁等；此外，还可做烂肉、抄手、丸子汤、饺子、臊子等，也是做香肠的好材料。

3. 前肘

其可做烧、拌、炖、蒸等各种肘子菜品，如虎皮肘子、冰糖肘子、红枣煨肘、芝麻肘子、东坡肘子、桂花冻肘等。

4. 前蹄

纯补药蹄（又名七星蹄）可做拌、炖、卤、烧、冻蹄花。

5. 保肋

带骨保肋，嫩而皮薄的可用于烧酥方和烧白；去皮及其他瘦肉即净肥膘用于羊尾酥、高力肉、麻元肉、芙蓉肉糕，以及"糁""贴"。

6. 里脊肉（又名背柳肉）

其可做糖醋里脊、荔枝肉花、糊辣肉花、水煮肉片、包肉丝、芙蓉肉片、合川肉片、雪花肉淖、玻璃肉片，可代替鸡丁、鸡淖、溜鸡片，以及蓉之类的较高级"有档次"的肉

糕等。

7. 五花肉

其可做咸烧白、锅烧白、甜烧白、红烧肉、香糟肉、樱桃肉、粉蒸肉、软炸仔盖等，靠分边处可做炸酥肉，膘厚的可用于熬油烂肉等。

8. 腰柳肉

除作一般丝、片、丁外，其特别用于精湛菜肴，如生片火锅或肉糕及蓉之类（如肉松）等菜。

9. 腿子肉

连皮用于卤拌连锅子，或腌、酱肉。是回锅肉正料，更是做白肉的正料。

10. 荷包肉

其用于各种丝、片、丁、肉花、叉烧肉、松板肉、肉末、圆子、玻璃肉片、水腐肉、生片火锅、肉蓉、濛之类菜肴等。

11. 肉皮

其可做拌、烧、肉皮冻、卤等，片薄可加工切成传统的"皮杂丝"。肉皮可熬汤，是做浓汤的好材料。腿子肉皮是做响皮的理想材料。

12. 后蹄

其可用于炖、烧、卤、拌、粉蒸、冻蹄花。

第二章

川味经典技艺

第一节　创新大众川菜

双味酥盐蛋

味型

鱼香、咸鲜双味。

烹制方法

炸、炒。

原料

熟盐鸭蛋 5 个、鸡蛋 2 个、吉士粉 5 克、豌豆粉 20 克、面包糠半包、泡海椒（颗）30 克、老姜米 8 克、蒜米 10 克、小香葱 6 克、鲜汤 200 克、酱油 6 克、白糖 4 克、保宁醋 3 克、水豆粉、盐适量。

制作

（1）将豌豆粉调好后，加入吉士粉，用竹筷调均匀后待用。

（2）熟盐鸭蛋去壳后，用菜刀切成 0.5 厘米左右片，共 16 片，放入豌豆粉沾一层后，再沾一层面包糠，待用。

（3）锅内下油 1500 克，油温烧至 3 成热时，放入盐蛋片，炸至黄色时捞起，摆在盘边。

（4）将鱼香味、家常味炒好后，分别装入 2 个手碗内，摆在已炸好的酥盐蛋的盘内另一边，即成。

特点

外酥内爽、口感自主，有创意。

注意

（1）掌握好沾豌豆粉、面包糠的程度。

（2）下锅油炸时，掌握好火候及油温。

（3）注意防止盐蛋白与盐蛋黄之间脱落。

麻辣金银『锅巴』

味型

麻辣味。

烹制方法

炸、收。

原料

里脊牛柳肉 200 克、雪饼 5 片、鸡蛋 2 个、豌豆粉 50 克、面包糠半包、红油 100 克、姜片 10 克、花椒油 15 克、海椒面 15 克、花椒面 4 克、香菜花 8 克、料酒 10 克、熟花生仁 10 克、熟芝麻 5 克，食盐、鸡精、味精适量，嫩肉粉 2 克。

制作

（1）将牛里脊肉切成薄片，碗内放入料酒、姜片、葱节、鸡精、食盐、嫩肉粉，码味 10 分钟左右，雪饼切小片，待用。

（2）将鸡蛋打入碗内，搅散后，放入豌豆粉，调制成比较干的豌豆粉，再放入牛肉片。

（3）准备好面包糠，捞出牛肉片，沾上蛋浆，在面包糠盘内按平，沾上面包糠。沾完后，在菜墩上用刀按平，放入盘内，待用。

(4) 锅内油温烧至 5 成，将沾好面包糠的牛肉片放入锅内炸成黄色，捞起，改刀成小片后，待用。

(5) 锅内下油 80 克，小火烧热后放入红油、花椒油、食盐、鸡精，倒入锅巴牛肉，翻几转，放入海椒面、花椒面，再翻二转，放入雪饼片、花生仁、芝麻，起锅，撒上香菜花，即成。

⊗ **特点**

麻辣酥脆、色彩红亮、红白分明、鲜香可口。

⚠ **注意**

(1) 码牛肉的味一定掌握好咸淡。

(2) 炸锅巴牛肉时，注意火候油温。

锅贴粉蒸肉

✑ **味型**

家常。

🍲 **烹制方法**

蒸、贴。

🍳 **原料**

蒸熟粉蒸肉 16 片、豌豆粉、芝麻。

👨‍🍳 **制作**

锅内倒油 250 克，油温烧至 3 成，将蒸好的粉蒸肉沾一层豌豆粉后，再沾两面芝麻。用小铲在锅内贴熟，贴黄两面后装盘，即成。

⊗ **特点**

外酥脆内耙香，有创意感。

⚠ **注意**

(1) 掌握好粉蒸肉的口感。

(2) 在锅贴时注意火候，油温。

(3) 注意装盘的技术。

脆皮粉蒸肉

✑ **味型**

家常。

🍲 **烹制方法**

蒸、炸。

🍳 **原料**

蒸熟粉蒸肉 16 片、脆浆 250 克。

👨‍🍳 **制作**

锅内倒 1500 克油，烧至 3 成热，将蒸熟的粉蒸肉沾一层脆浆下油锅，炸成淡黄色，装盘，即成。

⊗ **特点**

外酥内耙、有创意。

⚠ **注意**

(1) 掌握好粉蒸肉口感。

(2) 掌握好炸时的火候和油温。

(3) 掌握好调制脆浆的比例。

鱼香波丝蛋

✏️ **味型**

鱼香味。

🔥 **烹制方法**

油冲。

🍲 **原料**

鲜鸡蛋 5 个、泡海椒 4 根、郫县豆瓣 35 克、蒜米 12 克、姜米 10 克、葱花 12 克、白糖 5 克、酱油 3 克、保宁醋 4 克、高汤适量、鸡精少许、味精少许、水豆粉适量。

👨‍🍳 **制作**

(1) 将鸡蛋打入碗内，加食盐、鸡精（适量），用竹筷顺着一个方向搅拌，用力要轻，以免鸡蛋起泡，一直搅拌到泡沫消失。

(2) 锅内倒 1000 克油，油温烧至 3 成热时，将调好的蛋浆水，一手往锅内倒成 1 根丝下锅，另一手用竹筷不停地朝一个方向搅拌。蛋丝呈黄色，起网时，用竹筷把锅内蛋松捞起，用两个炒瓢压干后，撕成丝蛋松，放入盘中。

(3) 炒出鱼香味汁，淋到蛋松上，即成。

🍥 **特点**

客人食用感觉有新意，对蛋丝好奇。

⚠️ **注意**

(1) 搅拌蛋时，不能有蛋泡。

(2) 掌握好油温。

(3) 蛋浆下锅要保持成线。

(4) 用竹筷搅拌时，注意翻面均匀。

酥脆有肉

✏️ **味型**

鱼香、家常。

🔥 **烹制方法**

煮、上浆、炸。

🍲 **原料**

肥瘦臊子 250 克、姜米 5 克、葱花 15 克、料酒 10 克、胡椒面 2 克、食盐适量、鸡精、味精适量、高汤适量、鸡蛋 1 个、水豆粉适量、泡海椒（剁细）20 克、郫县豆瓣 20 克、泡姜米 10 克、白糖 10 克、老陈醋 3 克、韭黄（花）35 克、脆浆 200 克。

👨‍🍳 **制作**

(1) 锅内倒入 1000 克水，烧开后保持小火，使开水起小"鱼眼"，待用。

(2) 将臊子倒大碗内，加入葱花、姜米、韭黄（花），再加入鸡蛋、水豆粉、料酒、胡椒面、食盐，加少量水，用手套或干净薄膜袋，用力朝一个方面搅匀后，做成 1.2 寸的扁饼，放入锅内，小火煮熟，捞起，晾干水分，待用。

(3) 将肉饼放入调好的"脆浆"内上浆，用 4 成油温炸成淡黄色，捞出，装盘，造型，待用。

(4) 将鱼香味、家常味滋汁烹制好，分别倒入 2 个小碗，放在已装盘的另一边盘内，即成。

🍥 **特点**

外酥里嫩。

⚠ **注意**

（1）调制好肉饼咸淡、掌握老嫩。

（2）下锅煮时，火不能太大。

（3）掌握好调制脆浆比例。

香酥水晶冬瓜排

✎ **味型**

创新调双味。

🥄 **烹制方法**

炸。

🍲 **原料**

冬瓜 400 克、豌豆粉 150 克、鸡蛋 2 个、食盐适量、吉士粉适量、鸡精少许，面包糠半袋、自调椒盐 75 克（小碟）、鸡酱 30 克（小碟）。

👨‍🍳 **制作**

（1）将冬瓜去皮，去嫩心，切成长 6 厘米、宽 3.6 厘米、厚 0.6 厘米的冬瓜片 20 片。

（2）锅内下 750 克清水，放入适量食盐烧开，将冬瓜氽一下，起锅，晾干水分。冬瓜沾上调好豌豆粉、吉士粉、盐，再沾上面包糠待用。

（3）锅内倒 100 克油，烧至 4 成热，放入冬瓜片，炸干水分，炸成淡黄色后装盘，摆好，配二小碟（双味），即成。

🍥 **特点**

冬瓜酥香，型如水晶。

⚠ **注意**

（1）氽冬瓜不能太久。

（2）掌握好炸冬瓜的火候、油温，不要脱糊。

饺子鱼头

✎ **味型**

麻辣味。

🥄 **烹制方法**

炸、烧。

🍲 **原料**

鱼头 1200 克、水饺、芹菜、蒜苗、油、姜、葱、蒜、海椒节、花椒、生粉、豆瓣、鸡精、味精、高汤、料酒、食盐、胡椒面、火锅油、花椒油、香油、香菜。

👨‍🍳 **制作**

（1）鲜鱼头洗净，加料酒、食盐、胡椒面、葱、姜腌制半小时，芹菜、蒜苗切成花。

（2）锅内油温烧至 3 成热，鱼头下锅，炸一下，捞起待用。

（3）锅内留 100 克油，下豆瓣、姜、蒜、葱炒香后，加入火锅油、高汤烧开，再放入胡椒面、料酒、食盐、鸡精，最后放鱼头。用小火烧入味，再放花椒油、芹菜、蒜苗、葱花、香油、味精装盘即成。

🍥 **特点**

汁多、味浓，鱼头周边水饺造型，体现麻、辣、鲜、嫩、香川菜特色。

⚠ 注意

（1）选新鲜、比较大的鱼头。

（2）水饺按钟水饺包法。

（3）掌握好咸淡。

（4）要先把水饺包好。

（5）注意 2 人配合好。

（6）呈半圆形。

咕噜豆腐

✎ 味型

酸辣味。

🍲 烹制方法

上浆、炸。

🍱 原料

嫩豆腐750克、脆浆250克、大甜椒150克、大青椒100克、玉兰片100克、木耳50克、豆瓣酸辣酱100克、大蒜片20克、老姜片20克、大葱节20克、鲜高汤200克、香油少许、水豆粉适量，鸡精、味精适量，食盐适量。

👨‍🍳 制作

（1）先将大甜椒、大青椒，用刀改成菱形片，待用。

（2）用小圆瓢，将嫩豆腐做成大半圆形，放入已兑好的脆浆里。

（3）锅内放精炼2000克油，油温烧至4成热，用竹筷将已上浆的豆腐放在锅内炸成淡黄色泡，捞起，待用。

（4）锅内下150克油，烧至5成热，将姜片、大蒜片煵香后，再放入豆瓣酸辣酱，继续在锅内煵干水分，煵香后，倒入鲜汤烧开，将已炸好的脆浆嫩豆腐、甜椒、青椒片倒入锅内，翻二面后，勾芡，淋入香油，起锅装盘即成。

❉ 特点

味鲜幽香、色泽鲜明红亮、口感创新。

⚠ 注意

（1）脆浆要调适度。

（2）煵酸豆瓣酱，一定要用小火煵香。

（3）掌握好勾滋汁，干、清适度。

（4）装盘牵边的色泽要与主菜叉开。

冬瓜脆皮爽

✎ 味型

家常、咸鲜。

🍲 烹制方法

酿、炸。

🍱 原料

去皮冬瓜450克、肥瘦宣威火腿150克、脆浆250克、蒜米15克、姜米12克、小香葱5克、鲜汤350克、郫县豆瓣60克、酱油5克，吉士粉、食盐、味精、香油、鸡油适量。

👨‍🍳 制作

（1）将火腿切成1分厚、4.5厘米长、3

厘米宽的片，共 14 片，待用。

（2）把冬瓜切成 0.9 厘米厚、6 厘米长、4.5 厘米宽的片，共 14 片，再将火腿片夹好，待用。

（3）调好脆浆，将冬瓜沾一层脆浆，放入 4 成热油锅内，炸成淡黄色，放入盘边，摆好造型。

（4）将家常味滋汁、咸鲜味滋汁炒好，装在 2 个小碟内，放在已摆好的冬瓜脆皮中间，即成。

🍲 **特点**

外酥里嫩、咸鲜可口（口味也可自主选择）。

⚠ **注意**

（1）炸冬瓜要注意火候、油温。

（2）掌握好调制脆浆。

（3）此菜宜 2 人配合烹制。

（4）掌握好家常味、咸鲜味的口感。

香辣脆皮肥肠

✏ **味型**

麻辣味。

🖐 **烹制方法**

煮、炸、煸。

🍽 **原料**

肥肠头 1 千克、花生酱（罐头）100 克、脆花生米 30 克、鸡蛋 2 个、豌豆粉适量、料酒适量、干海椒节 100 克、花椒 30 克，姜片、蒜片各 10 克，葱节 10 克、红油 100 克、面包糠半包、鲜红大甜椒 100 克、大青椒 70 克、吉士粉 10 克。

👨‍🍳 **制作**

（1）将煮软入味的肥肠头切成 4.5 厘米左右长的骨牌条，待用。

（2）豌豆粉中加花生酱、吉士粉，码入适量盐味，放入已切成条的肥肠，锅内倒入 1000 克食用油，旺火，将沾好的肥肠炸成棕黄色，绵软时捞起，待用。

（3）把大甜椒、大青椒切片，在锅内炸一下，捞起待用。将脆花生剁成米（起锅撒在成菜上面）。

（4）锅内放 100 克熟油，再加入 100 克红油，用微火将干海椒、花椒、老姜、蒜片、葱节炒香，再倒入已炸好的肥肠，在锅内煸香后，倒入已炸过的大甜椒、青椒片，放入适量食盐、香油、花椒油、鸡精、味精、花生碎米，起锅装盘，即成。

🍲 **特点**

香辣绵软、色泽红亮、创新口感。

⚠ **注意**

（1）加工肥肠时注意去除腥臭味。

（2）煮肥肠时掌握好火候。

（3）炒干海椒、花椒时注意火候，不要炒老。

（4）注意掌握口味、色泽、感观。

贵妃鸡翅

✎ **味型**

咸甜、微辣。

🍳 **烹制方法**

炸、烧。

🍲 **原料**

鸡中翅 400 克、糖汁少许、老姜 100 克、葡萄酒半瓶、泡椒 8 根、鲜汤 200 克、大葱节 100 克、香油少许、水豆粉少许、料酒、食盐、鸡精、味精适量。

👨‍🍳 **制作**

(1) 将鸡翅洗净，倒入锅内开水中，余一下，捞出后晾干水分，放入糖汁、食盐、料酒、老姜、葱节，码味，待用。

(2) 锅内放 1000 克油，烧至 5 成热，将码好味的鸡翅倒入锅内，炸成淡金黄色，捞出待用。

(3) 锅内倒入少许油，烧至 3 成热，放入 100 克老油，将姜片、蒜片、泡椒节、葱节炒香后倒入鲜汤、葡萄酒煮至鸡翅变软、入味。淋入香油，起锅，装盘，即成。

🍥 **特点**

色泽金黄、微辣，咸甜，味浓、粑鲜香爽。

⚠️ **注意**

(1) 码味时掌握好咸淡。

(2) 烧时火候不宜太大。

(3) 掌握成菜色泽。

纸包香麻辣烤鱼

✎ **味型**

麻辣味。

🍳 **烹制方法**

炸、烤。

🍲 **原料**

桂鱼 1 尾（600 克）、料酒、醪糟汁、姜、葱丝、干海椒丝 75 克，食盐、香油、花椒面、花椒油、芝麻、鸡精、味精适量，锡纸 1 张。

👨‍🍳 **制作**

(1) 将桂鱼去内脏，洗净，打花后沥干水分，码入适当的盐、醪糟汁、料酒、老姜、大葱节、鸡精、味精，码入味 20 分钟左右。

(2) 锅内下 1000 克油，烧至 6 成热，将已码好味的桂鱼炸干水分，炸至黄色，起锅待用。

(3) 锅内留少许油，放入姜丝、干海椒丝、蒜丝、葱丝焖香后，把已炸熟的桂鱼放入锅内，继续用小火，将桂鱼和剩余的其他调料倒入锅内，待鱼焖香后，淋入少许香油、花椒油，起锅装盘即成。

(4) 用锡纸将鱼和调料包好，放入烤箱（或微波炉）烤制 15 分钟左右，出箱装盘，即成。

🍥 **特点**

突出川味麻辣香味，用锡纸包鱼有创意。

⚠️ **注意**

(1) 掌握好码鱼的咸淡。

（2）打花刀要均匀，注意深度。

（3）掌握好此菜外酥肉嫩的特点。

（4）掌握好烤鱼的火候、温度。

豉汁鳗鱼（青鳝）

✎ 味型
咸鲜（豉汁味）。

🍜 烹制方法
蒸、淋汁。

🥘 原料
鳗鱼1尾（650克）、青椒、甜椒粒各50克，油、豆豉酱适量，蒜米、姜米、葱花、胡椒面、料酒、白糖、鸡精、味精、蚝油适量，高汤适量。

👨‍🍳 制作
（1）鳗鱼杀后，用90摄氏度左右的水烫一下，去表皮、内脏，洗净，用刀切成相连的、均匀的节，不要断。码味10分钟左右，加入已炒香的豉汁、料酒、食盐、鸡精、青椒、甜椒、姜、葱，上笼蒸25分钟左右，起笼，将鳗鱼放入盘中，待用。

（2）锅内下少许油，再下豆豉粒、姜、蒜米、葱花，煸香。倒入蒸鳗鱼盘中的汁水，加入适量高汤勾汁，调好味，淋入鸡油，最后淋在已装盘的鳗鱼上，即成。

⊛ 特点
造形好，豉汁味浓，色彩美观。

⚠ 注意
（1）切鳗鱼不要切断，保持盘卷的造型。

（2）掌握好码味的咸淡。

（3）把握好蒸的时间，注意鳗鱼的老嫩。

金山玉兔

✎ 味型
咸鲜、茄汁双味。

🍜 烹制方法
炸。

🥘 原料
玉米罐头1听、鹌鹑蛋12个、咸蛋黄5个、菜松10克、番茄酱50克，盐、白糖、白醋、味精适量，高汤150克。

👨‍🍳 制作
（1）将煮好的鹌鹑蛋去壳，做成玉兔，摆在盘的周边，咸蛋黄蒸熟，擀细。

（2）将罐头玉米沥干水分，加入吉士粉、生粉拌匀后，炸干水分，酥香。

（3）锅内倒80克食用油，烧至4成热，下番茄酱炒香后再倒入高汤，吃好味，勾芡起锅，淋在玉兔上面，注意不要淋到玉米。

(4) 锅内下油,将咸蛋黄炒香,倒入已炸好的玉米,在锅内沾上咸蛋黄,倒在已摆成的玉兔中间。

(5) 将菜松摆在玉兔周边,即成。

特点

色泽美观大方、口感爽利、造型好看。

⚠ **注意**

(1) 掌握好炒咸蛋黄的老嫩。

(2) 事先做好玉兔的眼、耳、尾。

(3) 炒番茄酱不宜过多或过少。

麻辣霸王排

✎ **味型**

麻辣味。

🖐 **烹制方法**

煮、炸、收。

🍲 **原料**

猪扦子排骨 1000 克、干海椒节 80 克、花椒 30 克、红油 100 克、花椒油 20 克、葱节 10 克、姜片 15 克、香油 5 克、芹菜杆节 20 克、脆花生粒 30 克、芝麻 5 克、卤水 6000 克,鸡精、味精、食盐适量。

👨‍🍳 **制作**

(1) 扦子猪排砍成 6 厘米长左右,放入开水汆一下,捞出放入卤水锅内,将排骨卤粑,但不脱骨,捞出,待用。

(2) 锅内下 1500 克油,油温烧至 5 成热,将排骨放入锅内,炸后捞出,待用。

(3) 锅内留 80 克油,加入红油后,用小火将干海椒节、生姜片、葱节、花椒焖香后,倒入已炸过的排骨,快速翻炒。起锅前,放入脆花生粒、花椒油、香油、鸡精、味精、食盐翻炒后装盘,撒上芝麻,即成。

特点

颜色棕红,味道鲜香,麻辣味厚。

⚠ **注意**

(1) 掌握好卤排骨的咸淡。

(2) 掌握好炸排骨的老嫩。

(3) 炒干海椒时注意火候。

碧绿嘉州鸡

✎ **味型**

咸鲜(微辣)。

🖐 **烹制方法**

炸、蒸。

🍲 **原料**

点杀活公鸡 1200 克、糖汁 20 克、火腿片 50 克、熟肚片 80 克、冬笋片 50 克、鸡腿菇 80 克、口蘑 60 克、香菇 60 克、西蓝花 400 克、料酒 10 克、老姜片 15 克、葱节 10 克、鸡油 20 克,鸡精、味精、食盐适量,高汤 250 克。

制作

（1）鸡去内脏，洗净放入开水锅中氽一下，捞出，上糖色。

（2）将上色鸡放入 4 成油温锅内炸成金黄色，上笼蒸 20 分钟左右，出笼，待用。

（3）取一大碗，将鸡砍成大一字条，在碗内定碗，上面放入熟肚片、火腿片、冬笋片、鸡腿菇、口蘑、香菇、姜、葱、鸡油、盐、鸡精、味精、高汤，上笼蒸 25 分钟左右。

（4）西蓝花切成小朵，放入开水中氽一下，捞出，待用。

（5）锅内倒入混合油 100 克，用小火，打"葱油"后，倒入蒸鸡的汁水，勾芡，放入鸡油，将蒸鸡翻在盘中，淋入滋汁。

（6）用氽过的西蓝花镶边，即成。

特点

色泽分明，咸鲜味浓。

⚠ 注意

（1）选用比较嫩的仔公鸡。

（2）掌握好定碗的汤汁咸淡。

（3）滋汁水不宜勾太干。

（4）镶边西蓝花保持绿色。

麻辣脆皮鱼

✍ 味型

麻辣味。

烹制方法

炸、收。

原料

活草鱼 1 尾（600 克）、豌豆粉 300 克、面包糠半包、红油 100 克、海椒面 20 克、花椒面 5 克、花椒油 10 克，香油、盐、鸡精、味精适量、小香葱花 5 克、红樱桃 2 个（安眼睛用）。

制作

（1）鲜鱼去内脏、去鳃，洗净，将鱼头、鱼尾分别砍断，鱼头再对砍，码味，鱼尾修切好，码味，待用。

（2）鱼身片切，去骨（不要），将鱼两面分别片成片后，码味，待用。

（3）将鱼片沾一层豌豆粉，再沾一层面

包糠，用刀压平鱼片。

（4）鱼头、鱼尾也沾一层豌豆粉和面包糠，将鱼头、鱼尾炸熟后，放在长条盘的两头，鱼头按红樱桃眼睛。

（5）锅内倒入 1000 克油，油温烧至 5 成热，将鱼片炸成黄色，炸干水分，酥脆后捞出，待用。

（6）锅内倒入 100 克油（含红油、花椒油、香油），小火待油温热后，放入炸好的鱼片，用小火煵干香后，倒入海椒面、花椒面，快速翻炒，起锅时撒上小香葱，在盘中间摆盘造型，即成。

特点

造型美观、麻辣味浓，富有创意。

⚠ 注意

（1）鱼片、鱼头、鱼尾码味时掌握好

咸淡。

(2) 炸鱼片时注意油温。

(3) 体现麻辣和脆皮。

(4) 掌握好造型。

鱼米之香（乡）

🖊 **味型**

咸鲜。

🥄 **烹制方法**

炒。

🍲 **原料**

鱼糁 250 克、宜宾碎米芽菜 1 小包、甜椒粒 70 克、熟青豆 60 克、冬笋粒 50 克，姜、蒜粒各 8 克、葱粒 6 克、高汤 60 克、鸡精、味精各 5 克、食盐 3 克、鸡油 10 克。

👨‍🍳 **制作**

(1) 锅中下 1500 克油，油温烧至 3 成热，提离火口，在大漏瓢内，用手压鱼糁，使鱼糁落在锅内，成小粒鱼米。待鱼米浮起至油面时，用漏瓢捞起，放盘中待用。

(2) 锅内留油 75 克，油温烧至 5 成热，放入芽菜、甜椒、熟青豆、冬笋、姜、蒜、葱粒，烹入高汤，调好味，勾芡，淋入鸡油，起锅装盘，即成。

🍥 **特点**

色彩鲜艳，鲜香可口。

⚠ **注意**

(1) 掌握好鱼糁要领和鱼糁的老嫩。

(2) 注意菜品应色彩协调。

(3) 掌握好菜品咸淡和收汁。

第二节 传统精品高档川菜

金钩鸡塔

🖊 **味型**

椒盐、咸甜味。

🥄 **烹制方法**

糁、蒸、贴。

🍲 **原料**

鸡脯肉 150 克、鸡蛋清 3 个、金钩 50 克、生肥膘肉 100 克、熟猪肥肉一方块（600 克）、韭菜头 120 克、大花葱头 200 克、鸡酱 60 克、椒盐 30 克、甜酱 60 克、蛋清豆粉 100 克、香油少许、味精少许、料酒少许、水豆粉少许、食盐少许。

👨‍🍳 **制作**

(1) 鸡脯肉切成薄片，剔去白筋，用刀背捶成鸡蓉。肥膘肉 100 克捶成蓉。蛋清铲成蛋泡。鸡蓉、肥膘蓉中加蛋泡、水豆粉、料酒、味精、食盐，再加少量清水，打成鸡糁待用。

（2）将肥膘肉片切成长 7 厘米、宽 5 厘米、厚 0.2 厘米，共 12 片待用。

（3）把鸡糁做成直径 3.5 厘米大的丸子，放在熟肥膘片上，用蛋清豆粉把丸子稳稳地沾在肥膘上，肥肉上再抹 0.3 厘米厚的鸡糁，抹均匀。金钩泡水后，将金钩按在丸子上面待用。

（4）做好的鸡塔放入蒸锅，蒸 2 分钟左右，在笼内待用。

（5）将韭菜切成 5 厘米的节，大葱切成 6 厘米，洗净，滤干后，各放在大长条盘的两边。椒盐调成后放入小碟中，鸡酱入碟；甜酱加白糖、少许香油、味精，调好后入碟。摆在条盘的中间。

（6）把已经蒸好的鸡塔放入平锅内中火贴 2 分钟左右，用平铲将已经贴好的鸡塔放入条盘，淋上少许香油，鸡塔即成。

🎴 **特点**

此菜是传统川菜高档筵席中"糁""濛""酿""贴"制作的菜肴之一。味道自主，香酥鲜嫩，配生菜、花葱，另有风味。

⚠ **注意**

（1）注意鸡塔的整体不能脱落。

（2）贴鸡塔时，掌握好火候，贴出来的鸡塔底部色泽金黄，香酥，不能煳。

⚠ **备注**

（1）大花葱头指的是大葱头切成 6 厘米的节，手捏一头，用尖刀将另一头从中间向外细剖，两边剖透，再用手轻压、散开，泡在水里成形，传统称为"花葱"。

（2）鸡糁，一般鸡糁比例是 50% 的鸡蓉、45% 的肥膘肉蓉，与水豆粉、鸡蛋清、清汤做出来的"糁"表面光滑发亮。

芙蓉鸡片

✒ **味型**

咸鲜。

🍲 **烹制方法**

油冲、烩。

🍱 **原料**

鸡脯肉 150 克、鸡蛋清 3 个、水豆粉 40 克、玉兰片 30 克、豌豆尖 15 根、番茄片 25 克、鸡汤 250 克、食盐少许、味精少许、料酒 15 克、蒜片 6 克、姜片 5 克、大葱 8 克、泡椒 6 克、鸡油少许、化猪油（实际用 100 克）。

👨‍🍳 **制作**

（1）将鸡脯肉用菜刀背捶成鸡蓉。用少量汤将鸡蓉调散，将鸡蛋清倒入窝盘中，用筷子将蛋清铲成蛋泡，立得起筷子为止。将蛋泡倒入鸡蓉中，加入鸡汤、豆粉，朝一个方向铲 5 分钟，加鸡汤要分几次，至合適为止。铲成清鸡浆。

(2) 锅在火上，用大火将锅烧热。改用小火，热锅倒入化猪油 100 克，烧至 3 成左右。用炒瓢顺锅边，倒入鸡浆，冲成"芙蓉鸡片"。见鸡片浮出，捞入事前准备好的热汤中。再捞出改刀成菱形。玉兰片切成片，待用。泡椒、大葱切成"马耳朵"。

(3) 锅置中火上烧热，倒入 50 克猪油，油温烧至五成热，姜片、葱炒香，倒入鸡汤 250 克，烧开后，捞出。将玉兰片、"鸡片"、番茄片、豌豆尖、葱节烧开，入味，勾二流芡，起锅，淋入鸡油，装盘即成。

特点
颜色美观、滑嫩爽口、味道鲜美。

注意
(1) 调鸡浆时，掌握好加鸡汤、蛋清、水豆粉比例。

(2) 掌握好炙锅与火候，避免粘锅，不能浮起鸡片。冲出来的鸡片呈白色"芙蓉"。

(3) 掌握好勾二流芡的味和咸淡。

(4) 芙蓉鸡片一般有 3 种做法，即"大摊"、蒸、"小摊"，但最好的方法是"油冲"。油冲的芙蓉鸡片嫩滑、爽口。

(5) 芙蓉鸡片不是"糁"而是"鸡蓉"，烹制方法是烩。

备注
(1) 马耳朵，是传统行话，意思是将原料斜切成像马耳朵的形状。

(2) 二流芡是菜出锅时勾不干、不清的薄芡。

(3) 行话称白色为芙蓉。

(4) 鸡蓉，是用刀将鸡脯肉去筋，用刀背捶成泥，再反复用刀口轻拍几次后成劳蓉。

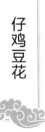

仔鸡豆花

味型
咸鲜。

烹制方法
清汤、冲。

原料
鸡脯肉 400 克、鸡蛋清 4 个、鲜菜心 100 克、水盆鸡 800 克、水盆鸭 700 克、瘦肉 250 克、火腿棒骨 200 克、云南宣威火腿（熟）细粒 60 克、细豌豆粉 8 克、食盐少许、白胡椒面少许、味精少许、馓子 20 克、红油味 100 克、酥黄豆细粒

100 克、小香葱（小碟）20 克、大头菜粒 20 克、料酒少许。

制作
(1) 鸡、鸭、火腿骨下锅炖 6 小时，成高汤。把 250 克鸡脯捶成鸡蓉，猪瘦肉捶成蓉，分别加入清水、料酒、食盐、味精少许，将汤澄清成特级清汤待用。

(2) 将 150 克老鸡脯肉放在干净的墩子上，上面放生猪肉皮，用菜刀去筋，用刀背捶成蓉，反复用刀口轻

38

拍后，放入大碗中用水调散，加入蛋清及清汤 10 克，调散。分次加入清汤，再加干水豆粉、味精、白胡椒面、食盐，用手朝一个方向铲 5 分钟，成鸡浆后待用。将鲜菜心淘洗干净后，放入锅内，用开水氽一下，捞起，用冷水漂起，待用。将火腿切成末。

（3）干净的锅，置火上。倒入特级清汤，烧开。将鸡浆倒入锅内，用筷子快速搅匀，并快速用炒瓢轻轻搅动几次，以免生锅。用中火烧开后，再用微火在炉上烤 10 分钟，打尽表面浮渣。待鸡浆成豆花形后，碗内放入氽好的菜心，起锅，轻倒入大碗中，撒上火腿末，四周配上"五小碟"既成。

⊛ 特点

鲜嫩可口，形如"豆花"，颜色洁白，营养丰富。

⚠ 注意

（1）冲鸡豆花时掌握好火候，先大火，后微火，要保持沸而不腾，这样冲出来的鸡豆花才最佳。

（2）冲好的鸡豆花要不浮起、不沉底。浮起说明蛋清多了，沉底说明豆粉多、水少了。

⚠ 备注

（1）仔鸡豆花也可以做成家常味、酸辣味。

（2）特级清汤是高汤反复多次经过"红蓉"（猪背柳蓉）、白蓉（鸡脯蓉），将高汤澄清成"特级清汤"。要清澈见底，形如白开水，微淡黄色。

三色麻丸肉

✐ 味型
甜香味。

☷ 烹制方法
炸、粘。

☖ 原料
猪熟肥膘肉 350 克、蛋清 3 个、蛋黄 3 个、面粉 15 克、干细豆粉 10 克、白糖 200 克、黑芝麻 50 克、鸡蛋 1 个、菠菜汁 20 克、混合油（实耗 50 克）。

♡ 制作

（1）猪熟肥膘切成 1.2 厘米见方的丁。下锅用开水氽一下，捞出，用干毛巾擦干水分和油。将蛋清、豆粉，加入面粉；蛋黄、豆粉加入面粉；菠菜汁加入蛋、豆粉、面粉，分别用 3 个碗调制好。把熟肥肉丁分别放在 3 个碗里，调好待用。

（2）混合油 1000 克，下锅烧至 5~6 成热时，分别把肉丁初胚炸成浅黄色时捞起，油温升起至 7 成热时，再炸成黄色，酥脆，捞出，待用。

（3）将锅置于火口处，洗净锅内油腻，倒入 60 克清水、200 克白糖，用小火将糖汁炒起大泡，锅边见霜时，快速倒入炸成的肉丸，边炒边将锅内肉丸颠几下，撒入黑芝麻，冷后起锅，即成。

⊛ 特点

外酥里嫩，油而不腻，香甜可口，色泽
分明。

⚠ 注意

(1) 炸时火候、油温不能太高，先用小
火，再用中火，使肉丸炸去一定的
油，以保持外酥里嫩。

(2) 炒粘时，火候不能太大，先小火，
后微火，一般"粘"出来的，行话
称"上霜"，效果最佳。

⚠ 备注

(1) 可事先将面粉炒熟，成淡黄色，
备用。

(2) 见锅内糖汁不见收霜时，可将熟面
粉撒在麻丸肉上，颠均匀以补救。

软炸虾包

✏ 味型

鱼香味。

🍲 烹制方法

炸、淋汁。

🥄 原料

鸡蛋5个、韭黄头（1.5厘米）150克、
鲜虾仁250克、香菇80克、熟鸡100
克、火腿30克、冬笋20克、泡海椒100
克、泡姜15克、蒜米20克、香葱12
克、食盐少许、白糖20克、醋15克、
味精少许、高汤100克、水豆粉40克。

👨‍🍳 制作

(1) 先将韭黄、鲜虾仁、香菇、熟鸡、
熟火腿、冬笋切成粗粒，加入葱
花、盐、味精，调好味待用。

(2) 摊蛋皮。摊成24厘米直径的薄皮，
把蛋皮修整好，将鲜虾仁等馅料包
成6厘米×3厘米的宽条形虾包，
封好口待用。

(3) 锅内放1000克食用油，油温烧至6
成热，将虾包先中火，后小火，炸
成外酥脆的浅黄色，捞起，在盘中
造型，待用。

(4) 把香葱切成花，泡姜、泡海椒切成
粒，锅内倒入100克油，烧至5成
热，在锅内烹制鱼香味的汁，淋在
已经装盘的虾包上，即成。

⊛ 特点

外酥内爽、色泽红亮、鱼香味突出。

⚠ 注意

(1) 保持韭黄的脆度，事先要码少
许盐。

(2) 包虾包时要用干豌豆粉封好口，以
免炸时爆散。

(3) 炸时掌握好油温，表皮不能炸得太
老，炸成浅黄色，包内已熟。

(4) 掌握好调制鱼香味。

花好月圆

✍ 味型

咸鲜。

🖐 烹制方法

清汤、蒸、煮。

🍲 原料

鸽蛋 12 个、鹌鹑蛋 12 个、特级清汤 750 克、香菇 100 克、细青苗 10 克、红甜椒 6 克、豌豆粉 20 克、嫩菜心 100 克、番茄 40 克、水发木耳 60 克、冬笋 80 克、胡椒面少许、味精少许、食盐少许。

👨‍🍳 制作

(1) 先将青苗放入开水锅中烫一下，切成细丝小节，甜椒切成小颗粒，香菇、番茄、冬笋切成片。备好 24 个调羹，抹入少许化猪油，将鸽蛋、鹌鹑蛋分别打入调羹内，上笼蒸 3 分钟左右，在开水锅内氽一下，去掉调羹内的油，捞出待用。

(2) 把已蒸好的鸽蛋倒入盘内，晾干。用小夹子，沾豌豆粉，将青苗叶、甜椒小粒沾在 12 个鸽蛋上，构成不同的百花形状。上笼蒸 10 秒后，待用。鹌鹑蛋同时上笼蒸，不造型。

(3) 锅内倒入特级清汤，烧开后，放入鹌鹑蛋、冬笋、香菇、嫩菜心、番茄、木耳、百花鸽蛋，调好味，烧开，倒入大碗内，即成。

⊛ 特点

造型美观、口感鲜嫩、富有营养。

⚠ 注意

(1) 鹌鹑蛋不要蒸得太老。

(2) 调羹抹油不要太多。

(3) 成菜后，用筷子在汤碗里，夹摆成形，尽量美观。

⚠ 备注

(1) 一般情况下，因鸽蛋有特殊的嫩性，鸽蛋是蒸不老的。

(2) 牵花时，尽量生动点，以显示厨师技艺。

软炸桃腰

✍ 味型

椒盐、甜咸。

🖐 烹制方法

炸。

🍲 原料

猪腰 4 个（选白色）、去皮大桃仁 125 克、青笋 150 克、甜椒 15 克、香油少许、料酒 50 克、豌豆粉 125 克、蛋清豆粉 100 克、椒盐 40 克、甜酱 60 克、大花葱 200 克、食盐适量、姜片 10 克、大葱节 15 克、味精少许、料酒少许。

👨‍🍳 制作

(1) 每个猪腰对平，剖成 2 片。去表皮油，去腰骚，剖斜花刀，从中切成 2 大块，码入料酒、食盐、姜片、葱节 3 分钟，待用。

(2) 青笋切成丝、甜椒切成丝、拌成糖醋小碟，备用。椒盐、甜酱对成碟，大花葱剖好，泡水内待用。

(3) 将码好味的腰块滤干水分，撒上干

细豆粉，将腰块花背面沾适量蛋清豆粉，包好桃腰，待用。

(4) 将锅置火口，烧热，倒入清油 1000 克，油温烧至 7 成，用小夹子夹住已经包好的桃腰炸半分钟左右，捞出摆盘，一边摆花葱、生菜碟；另一边摆椒盐、甜酱碟，即成。

⊛ 特点

外酥内爽、干香可口、形色美观。

⚠ 注意

(1) 剞腰块斜花时，应剞去整面四分之

三，每刀深度准确，才能保证包得成桃腰。

(2) 码味做到不咸不淡，蛋清豆粉不要调得太清，以免沾不稳桃腰。

(3) 掌握好油温是关键，油温不能过高，也不能过低，桃腰要包成圆花形球状。

⚠ 备注

剖花葱用快小刀，先切成 6 厘米长的节，然后拿在手中，用小刀剖。

棋盘鱼肚

✎ 味型

咸鲜。

✋ 烹制方法

烧、蒸、摆。

🍲 原料

鸡脯肉 300 克、肥膘肉 150 克、蛋清 3 个、料酒少许、油发水泡鱼肚 300 克、冬笋 50 克、罐头口蘑 50 克、宣威火腿片 50 克、熟鸡片 120 克、香菇 50 克、大葱 15 克、姜片 5 克、蒜片 6 克、高汤 300 克、青菜叶 3 根、青笋半根、胡萝卜 1 小节、味精少许、鸡精少许、鸡油少许、食盐少许、水豆粉少许、鸡蛋清 4 个。

🍳 制作

(1) 将鸡脯肉、肥膘肉分别捶成蓉，蛋清打成蛋泡，加水、水豆粉、味精、食盐、料酒，打成鸡糁待用。将鱼肚、冬笋、香菇、火腿、口蘑

切成小片。

(2) 将锅置火口。用高汤，将已切好的鱼肚、冬笋倒入锅内氽两次，使鱼肚、冬笋入味，起锅。锅烧热，下混合油 80 克，待油温 4 成，下葱节、姜片，在锅内煸香后，倒入高汤，烧开后捞出葱节、姜片，再倒入火腿、熟鸡片、香菇、鱼肚、口蘑、冬笋，烧 3 分钟至入味，调好味待用。

(3) 将烧好的菜肴捞入盘中，留汤汁。用西餐刀将菜摆放平整，再用西餐刀将事先准备好的鸡糁，在盘内抹均匀、抹平展，待用。

(4) 将青笋、胡萝卜切成 0.5 厘米厚圆片，雕刻成"象棋"（青笋 5 子、红萝卜 1 子）。

(5) 雕刻好的"象棋"放入开水中氽一下，蒜苗切成丝，和"象棋"牵在

鸡糁上，摆成"独兵擒王"残棋一副，上笼蒸 2 分钟，出笼待用。把原汁烧开，调好味，勾成二流/玻璃芡，淋上鸡油，即成。

⊛ 特点

形色美观，味道鲜美，口感舒适。

⚠ 注意

（1）选用敏鱼肚片，用精炼油发制鱼肚。下油时，将鱼肚放入锅中，待油温至 4 成左右，将鱼肚浸热，见鱼肚起泡、卷起时，捞出油面。待

油温烧至 6 成时，把鱼肚一片一片放入锅中，用汤瓢、抓钩在锅内发制，掌握好火候，保持油温，不能过高，以免影响鱼肚发制和颜色。

（2）清洗鱼肚。先用温水将鱼肚泡软，再用面粉将鱼肚反复清洗干净，这样清洗的鱼肚不油腻且色泽白亮。

（3）棋盘鱼肚菜面要平展，这样摆出来的菜肴才逼真。

⚠ 备注

也可将菜构思为围棋。

金钩鸡淖

✎ 味型

咸鲜。

✋ 烹制方法

炒。

🍲 原料

老白鸡脯肉 125 克、鸡蛋清 4 个、瘦火腿 30 克、小香葱葱花 5 克、鸡汤 150 克、豌豆粉 25 克、料酒 8 克、化猪油 200 克、胡椒面少许、味精少许、食盐少许。

👨‍🍳 制作

（1）瘦火腿 30 克蒸过，冷却，剁成细小粒，待用。

（2）将鸡脯肉去掉鸡筋，用刀背捶成鸡蓉，再用刀轻拍几次，放入大碗内，用清水 20 克调散，待用。

（3）将鸡蛋清倒入窝盘中，用筷子打成蛋泡，至立得起筷子为止。将鸡蛋清倒入鸡蓉中。分多次加入鸡汤，

加入豌豆粉、食盐、味精，调均匀。用筷子顺着一个方向将鸡蓉打成清鸡浆，最后加 50 克化猪油，搅半分钟，待用。

（4）将锅置火口，用混合油将锅炙好，倒入化猪油，烧至 6 成时，倒入鸡浆，不断用炒勺转动，火要大，炒分散，至雪白如"云凌"时，起锅装盘，面上撒火腿末，即成。

⊛ 特点

色泽洁白、嫩爽可口、味道鲜美。

⚠ 注意

（1）炒鸡淖时要掌握好鸡浆的干稀度。一般是鸡蓉 125 克、蛋清 4 个、豌豆粉 25 克、盐 50 克、味精 50 克、料酒 50 克、清水 50 克，这样炒出来的鸡淖可保持鲜嫩度。

（2）掌握好炙锅。要经大火反复下油炙锅，这样炒出的鸡淖才不糊锅。

⚠ 备注

(1) 云凌是指小指头大小的块，因最后化猪油的作用，炒出来的鸡淖又白又嫩还发亮，故称云凌。

(2) 如果炒鸡淖油多了，装盘时不要把油装盘，可留作他用。

金沙鸭脯

✎ 味型

咸鲜。

🥄 烹制方法

炸、蒸、炒。

🍲 原料

鸭脯 100 克、豆渣 800 克、花椒 10 粒、糖汁 30 克、料酒 20 克、姜片 6 克、葱节 3 根、胡椒面少许、味精少许、食盐少许、香油少许、精炼油 200 克。

👨‍🍳 制作

(1) 先将汤汁抹入鸭脯的表皮面，再将花椒、姜片、葱节、料酒、胡椒面码入瘦肉面，码 3 分钟，待用。

(2) 锅内下油 1000 克，烧至 7 成，把码好味的鸭脯下锅，炸成淡黄色（炸时油温不能太高），捞出上笼蒸 25 分钟，待用。

(3) 锅烧热，下油 150 克，用大火将豆渣炒 10 分钟左右，炒至金黄色、翻沙时，调好味，起锅围在盘四周，将已经蒸把的鸭脯装入盘中，淋上香油，即成。

✿ 特点

色泽金黄，把而不烂，爽口化渣，味道鲜美。

⚠ 注意

(1) 炸鸭脯油温不能太高，不要炸得太老。

(2) 炒豆渣要先用大火，后用中火，这样炒成的豆渣翻沙、不老。

(3) 此菜油脂不能太多，以免伤油。

(4) 如炒出来的豆渣太干，可加入适量鲜汤。

⚠ 备注

也可做金沙猪头肉。

孔雀开屏（冷菜）

✎ 味型

椒盐、红油。

🥄 烹制方法

雕刻、拼摆。

🍲 原料

雕刻孔雀头 1 个、蛋白糕 300 克、蛋黄糕 300 克、火腿肠 200 克、卤鸭肝 200 克、大黄瓜皮 400 克、熟鸡丝 400 克、鸡蛋松 100 克、红松 100 克、椒盐 60 克、红油味碟 100 克、红樱桃 8 个。

👨‍🍳 制作

(1) 将雕刻好的孔雀头泡在水里，待用。将蛋白糕、蛋黄糕、火腿肠、卤鸭肝分别切片，叉色摆放，分别用大小模具压成孔雀尾，组合为一体。将大黄瓜皮用模具压成孔雀尾大花边，中心放红樱桃8个，待用。

（2）取大圆盘，熟鸡丝铺底，把已压好的黄瓜孔雀尾大花边摆在盘边，然后拼摆已压好的孔雀尾，拼摆成孔雀全身。再将孔雀头滤干水，摆在头部位置。

（3）用鸡蛋松拼摆孔雀头部和身部中间，用手轻压，使各段部分衔接自然。再用红松拼摆纹路之间的空间，轻压。最后用口巾擦干净整个盘子，呈现活灵活现的"孔雀开屏"，配上椒盐碟、红油味碟，即成。

🍳 特点
生动活泼，引人注目，色彩美观，口味自主。

⚠ 注意
（1）雕刻孔雀头要逼真，整体拼摆恰当。

（2）做此菜一定要戴手套，保持干净、卫生。

（3）蛋白糕、蛋黄糕不要蒸得太老或太嫩，一般蒸3分钟左右。

⚠ 备注
（1）蛋白糕用蛋清蒸，不加水和其他原料，放适量食盐。

（2）蛋黄糕要加5%的水和适量食盐，搅匀蒸3分钟，即成。

锅贴五彩豆腐

🖊 味型
椒盐。

🍲 烹制方法
糁、贴。

🍛 原料
猪熟肥膘700克、嫩豆腐150克、鸡脯肉200克、肥膘肉100克、蛋清3个、豌豆粉100克、椒盐碟60克、甜酱碟80克、青笋和甜椒30克、葱花200克、红松15克、水发发菜50克、蛋松20克、土豆松15克、菠菜松15克、食盐、味精、水豆粉、料酒少许。

🍳 制作
（1）嫩豆腐用刀捶成泥，鸡脯肉、肥膘肉分别捶成泥，蛋清打成蛋泡，加水、食盐、料酒、味精，打成豆腐糁，待用。

（2）将青笋、甜椒切成丝，拌成糖醋味碟，待用。

（3）把原材料中各种松切成小颗粒，待用。

（4）熟肥膘肉切成长14厘米、宽6厘米、厚0.2厘米片，共切12片，待用。

（5）取大不锈钢盘，盘底洗净。将切好的肥膘肉片放在盘底，摆整齐。先抹豌豆粉，再用餐刀将备好的豆腐糁均匀整齐地抹在12片肥膘肉上，待用。

(6) 把已抹平展的锅贴豆腐糁，按每种五分之一将各种松颗粒撒在上面，待用。

(7) 平锅置火口，用小火。将已做好的锅贴五彩豆腐胚放入锅中，倒入少量水、油，加盖在锅里煎 3 分钟。起锅装盘，配上椒盐碟、甜酱碟、葱花，即成。

特点

颜色美观，香酥可口，配生菜别有风味。

⚠ 注意

(1) 掌握好豆腐糁的做法。将嫩豆腐放在纱布或细不锈钢滤网上，用手把豆腐压成非常细小的"泥"。再用干净布包裹，尽力挤干水分。豆腐糁的比例是 20% 豆腐泥、40% 鸡蓉、40% 肥肉蓉，以及豌豆粉和少量蛋清。这样做出来的豆腐糁细嫩、化渣。

(2) 锅贴时掌握好火候，贴出来的菜底色黄、香酥可口。

⚠ 备注

(1) 红松、土豆松、菠菜松做法：用刀切得特别细，再用比较高的油温炸制而成。

(2) 蛋松做法：将鸡蛋调散，用二成油温炸制后，再用干净布挤干而成。

(3) 发菜是一种植物，像发丝一样细。

孔雀开屏（热菜）

🖊 味型

咸鲜。

🥘 烹制方法

烧、蒸、淋汁。

🍲 原料

鸡脯肉 400 克、肥膘肉 200 克、蛋清 3 个、澄面 150 克、化猪油适量、蛋白糕 300 克、蛋黄糕 250 克、火腿肠 200 克、肉松 100 克、卤肫肝 200 克、卤鸡肝 200 克、水发海参 200 克、熟鸡片 100 克、熟火腿片 300 克、罐头冬笋片 80 克、高汤 250 克、菠菜汁 30 克、冬瓜皮 750 克、小番茄 8 个、蒜 8 克、姜片 8 克、大葱节 3 根、鸡油少许、食盐少许、黄瓜皮 400 克、水豆粉、料酒、味精适量。

👨‍🍳 制作

(1) 将鸡脯肉、肥膘肉分别捶成蓉，加蛋清、食盐、料酒、味精、水豆粉及清水，打成鸡糁。

(2) 锅里倒水 50 克，加化猪油 6 克、菠菜汁 20 克烧开后（此时关火），把澄面倒入锅内，用擀面杖在锅内和均匀后，放在案板上，加少许化猪油，继续揉成硬烫面，做成孔雀的头部，并用小剪刀剪出羽毛，待用。

(3) 将蛋白糕、蛋黄糕、火腿肠、鸡肝、肫肝、小番茄、冬瓜片，大小组合，分别用模具压成孔雀身。将黄瓜皮压成孔雀尾花边，小番茄压成尾心，组合成孔雀尾。

（4）锅置火口，下混合油 80 克，烧至 4 成，下姜、蒜片、葱节，在锅内煸香后，倒入高汤，烧开捞出姜、蒜片、葱节，再倒入海参、熟鸡片、冬笋、火腿和做孔雀身、尾剩余的边角料，烧 3 分钟，调好味，捞出，放在大圆盘中间。用餐刀将鸡糁抹在整个大圆盘上面，抹平展，汤汁留在锅内，待用。

（5）将孔雀身、尾组合成一体，摆在抹平展的大圆盘鸡糁上，拼摆好，上笼蒸 2 分钟，出笼后，把黄瓜皮花边拼摆在盘的底边部，把孔雀头拼摆在盘的前面。

（6）把锅内汤汁烧开，勾芡，滴入鸡油，淋在孔雀开屏的全身（头部不淋），然后，用小夹子将肉松于孔雀身部与尾部中间牵摆均匀，热菜孔雀开屏即成。

⊛ 特点

引人注目、色彩美观、味道鲜美。

⚠ 注意

（1）整体拼摆要恰当，不要头大尾小，一盘菜整体要协调。

（2）拼摆从头部到尾部有一个斜度，这样才有真实感。

（3）淋入的芡不要太干，勾成二流芡。

⚠ 备注

拼摆组合时，要有艺术性、美观，才能烹制好这款高档筵席头菜。

蝴蝶海参

✎ 味型

咸鲜。

🖐 烹制方法

蒸、煮。

🍲 原料

水发海参 150 克、鲶鱼净肉 300 克、肥膘肉 250 克、蛋清 3 个、水盆鸡 700 克、水盆鸭 750 克、猪瘦肉 400 克、豌豆粉 100 克、火腿 150 克、鸡脯肉 40 克、冬笋 50 克、韭菜叶 15 克、甜椒 15 克、茄子皮 15 克、水发发菜 15 克、蛋皮 15 克、水发毛翅 24 根、黑芝麻 24 粒、料酒少许、味精少许、食盐少许。

🥢 制作

（1）鸡、鸭、火腿 100 克，猪瘦肉 200 克，加水炖成高汤。鸡脯肉、猪瘦肉捶成蓉，分次将高汤澄清成特级清汤。鲶鱼净肉、肥膘肉捶成蓉，蛋清打成蛋泡，加水、食盐、料酒、味精，打成鱼糁，待用。

（2）将海参、冬笋、火腿 50 克分别切成 0.3 厘米的颗粒，将韭菜叶、甜椒、茄子皮、蛋皮切成细丝，待用。

（3）不锈钢大盘洗净，底部刷点儿油。将已切好的海参、冬笋、火腿混匀，均匀撒在不锈钢盘上。再用餐刀将鱼糁抹在上面，要抹平展。上笼蒸 3 分钟，出笼冷却，待用。

(4) 用蝴蝶模具压出 12 个"蝴蝶海参"初胚。用餐刀将鱼糁做成蝴蝶身（小的尖刀圆子形），粘在"蝴蝶"中间，分别牵出绿、红、黑、黄、蓝的丝（韭菜叶丝、甜椒丝、茄皮丝、蛋皮丝、发菜丝），用小夹子把黑芝麻粘在头部做眼睛，用鱼翅做"蝴蝶"须，上笼蒸 1 分钟，在笼内待用。

(5) 锅置火口，倒入特级清汤，烧开，调好味，倒入大碗，放入"蝴蝶海参"，即成。

⊗ **特点**

蝴蝶美观、鲜美可口、形态生动。

⚠ **注意**

(1) 此糁是"水糁"，要求浮在汤的上面，比其他糁要求高。鱼糁比例是 50%鱼蓉、50%肥肉蓉，因为鱼肉的水分比鸡肉多。

(2) 切的各种丝要粗细均匀，牵摆时粘丝要粘好，不能脱落。

⚠ **备注**

(1) 鲶鱼糁比其他鱼做出的糁更好，质地细嫩，更爽口。

(2) 水发毛翅。毛翅是质地不好的鱼翅。

(3) 尖刀圆子。用餐刀将糁做成头大、尾小的形状，行业称尖刀圆子。

百花江团

✍ **味型**

姜汁、红油、咸鲜。

✋ **烹制方法**

蒸。

🍲 **原料**

乐山江团 1 尾 750 克、肥膘肉 150 克、蛋清 3 个、猪网油 1 付、鱼净肉 200 克、化猪油少许、韭菜细丝 20 克、甜椒小颗粒 10 克、香菜叶尖 4 根、蛋清豆粉 40 克、毛姜醋碟 80 克、豉汁味碟 80 克、红油味碟 80 克、食盐少许、姜片 6 克、葱节 3 根、料酒少许、水豆粉少许、鸡脯肉 300 克、猪背柳肉 300 克、水盆鸡 750 克、水盆鸭 750 克、火腿 70 克、味精适量。

👨‍🍳 **制作**

(1) 鱼肉、肥膘肉分别捶成蓉，蛋清打成泡，加水豆粉、料酒、食盐、味精，打成鱼糁。鸡、鸭、猪背柳肉 100 克、火腿加水炖成高汤。将猪背柳肉 200 克、鸡脯捶成蓉，鸡蓉、肉蓉加水调成浆，将高汤清成特级清汤。

(2) 锅内倒清水 2000 克，烧开（此时关火），把江团放入锅内烫均匀，用小刀将江团表面泥浆刮掉，码入食盐、料酒、姜片、葱节，抹匀放 3 分钟，待用。

(3) 将 12 个百花模具清洗干净，抹入少量化猪油，用餐刀将鱼糁抹在模具里，表面要平展，再用小镊子将韭菜细丝、香菜叶尖、甜椒小颗粒牵出生动的百花，上笼蒸 2 分钟，待用。

（4）把码好味的江团，用猪网油包好，上笼蒸 10 分钟左右，在笼内待用。

（5）锅洗干净，倒入特级清汤，烧开后，调好味，将清汤倒入大窝盘。再将蒸好的江团去掉姜片、葱节、猪网油，放入清汤内，周边放百花，配毛姜醋碟、红油味碟、豉汁味碟，即成。

特点
色彩美观，江团质地细嫩，味道鲜美，营养丰富。

注意
（1）掌握好码味的咸淡，蒸要掌握好时间，不能将江团蒸得老或不熟。

（2）保持菜品热度，一滚当三鲜，因为江团冷了有异味。

备注
毛姜醋碟。将老姜捶成泥，加醋、酱油、少许味精、香油。

玻璃鸡片

味型
咸鲜。

烹制方法
汆水、炒。

原料
鸡脯肉 200 克、水发木耳 50 克、冬笋片 50 克、豆尖 15 根、大葱节 10 克、姜片 5 克、蒜片 5 克、泡椒 6 克、豌豆粉（实用 100 克）、高汤 100 克、胡椒面少许、味精少许、水豆粉 10 克、食盐少许、混合油 80 克、料酒少许。

制作
（1）鸡脯肉切片，捶成蓉。泡椒、葱节切成马耳朵，待用。

（2）鸡蓉分成 24 小块，每块加入适量豌豆粉，和均匀，压扁，再撒上豌豆粉，使其不粘墩面。用擀面杖压成薄片，待用。

（3）锅置火口，倒入水烧开后，保持水沸而不腾，放入薄片（鸡片），在锅内汆一下，捞出泡在冷开水里，待用。

（4）炒锅置旺火上，下油，烧至 7 成热，倒入鸡片、木耳、冬笋片、豆尖、姜片、蒜片、泡椒、大葱，快速烹制。将食盐、水豆粉、胡椒面、料酒、味精与高汤兑成滋汁，下锅颠几下，装盘，即成。

特点
鲜嫩可口，色泽美观，味道鲜美。

注意
（1）捶鸡蓉时，尽量去掉筋，才能保证做出来的菜滑嫩可口。

（2）用擀面杖压鸡片时，注意薄厚均匀、大小一致。

（3）用来汆的水应多一点儿，保持小火。

备注
"玻璃"的意思是肉片比较薄、半透明，行话称"玻璃"。

口袋豆腐（重庆）

味型
咸鲜。

烹制方法
炸、烩。

原料
豆腐 150 克、鸡脯肉 200 克、肥膘肉 150 克、鸡蛋清 3 个、鸡皮 60 克、火腿 30 克、冬笋 50 克、番茄 30 克、姜片 6 克、蒜片 6 克、大葱头节 3 节、鸡油 10 克、精炼油（实用）80 克、泡打粉少许、食盐少许、浓汁高汤 250 克、料酒 10 克、胡椒面少许、味精少许、水豆粉少许、食盐少许。

制作
(1) 豆腐捶成泥，鸡脯肉、肥膘肉分别捶成蓉，蛋清打成泡，加料酒、食盐、水豆粉，打成豆腐糁。火腿、冬笋、鸡皮、番茄切成片，待用。

(2) 将打好的豆腐糁倒入大碗内，用几滴清水将泡打粉化开，掺入豆腐糁，用筷子朝一个方向铲 5 分钟，待豆腐糁起泡（大约 40 分钟），待用。

(3) 锅置火口，待油温烧至 6 成，把已发泡的豆腐糁用餐刀在手上做成"尖刀长丸子"，下锅炸成淡黄色，浮面后捞出泡在汤碗中，待用。

(4) 锅烧热，倒油烧至 4 成，下姜片、葱节、蒜片，煵香后，倒入浓汁汤，烧开，捞出姜蒜葱（不要），再放入已炸好的口袋豆腐、鸡皮、火腿、冬笋、料酒、味精、食盐，烧 2 分钟，放入番茄片，起锅时勾清二流芡，淋入鸡油，装盘，即成。

特点
味浓鲜美，细嫩化渣，形如口袋。

注意
(1) 掌握好打豆腐糁的要点，不要太老，不要太嫩。

(2) 炸时注意油温，保持在 6 成。炸时翻动要快，泡涨均匀，色泽白净发光。

(3) 要等豆腐糁起泡后才能炸。一般夏天 30 分钟、冬天 2 小时。

备注
(1) 清二流芡是勾芡中最清的一种。

(2) 此菜是传统的"二汤菜"。

干煵鱿鱼

味型
糊辣、咸鲜。

烹制方法
干煵。

原料
阿根廷鱿鱼 200 克、猪肥瘦肉 200 克、绿豆芽 200 克、宜宾碎芽菜 30 克、干海椒丝 10 克、干老姜丝 8 克、花椒 15 粒、酱油 5 克、香油少许、味精少许、酱油少许、食盐少许、料酒 5 克、胡椒面少许。

制作
(1) 选用厚薄均匀的鱿鱼，切成 6 厘米的片，再切成 0.2 厘米细的丝，要顺鱿鱼的筋路切。绿豆芽去掉头和根部，猪肉切成丝，码味，待用。

（2）锅置火口，烧热下菜油，待油温至6成，将鱿鱼丝倒入锅内炸一下，捞出。待油温7成，将绿豆芽放入锅中炸干水分，捞出，待用。

（3）锅内留油 100 克，待油温7成，将猪肉丝倒入锅内，煸干水分，下酱油后，起锅待用。

（4）锅内下油 30 克，待油温烧至6成，将碎芽菜放入锅内煸香，起锅待用。

（5）锅内下油 60 克，待油温烧至4成，下姜丝、干海椒丝、花椒，煸香后放入已备好的鱿鱼丝、猪肉丝、绿豆芽、碎芽菜，用中火在锅内煸2

分钟左右，放入食盐、胡椒面、味精、料酒，淋入香油，起锅装盘，即成。

⊛ 特点

鱿鱼干香、配料脆嫩、色美味鲜、佐酒最佳。

⚠ 注意

（1）干煸出来的鱿鱼丝要保持干香、绵软，入口化渣。

（2）选用阿根廷鱿鱼，因为其具有体薄、干、透的特点。

（3）鱿鱼丝应先将其在火中烤绵软后才好切。

⚠ 备注

此菜别名干煸耳环鱿鱼丝。因为炸过的鱿鱼会卷起来，像耳环一样。

软炸扳指

✎ 味型

椒盐、甜咸。

✿ 烹制方法

蒸、炸。

🍲 原料

猪肥肠头3根（长20厘米）、糖汁 120 克、鸡蛋2个、细豌豆粉 40 克、面包糠（实用50克）、莲白丝 150 克、椒盐小碟 50 克、甜椒丝 12 克、大葱 150 克、姜片 20 克、花椒6粒、葱节 10 根、高汤 500 克、白糖 50 克、醋少许、料酒 30 克、味精少许、白丸粉 80克、菜油（实用 50 克），甜酱、香油适量。

♡ 制作

（1）选用好的猪肥肠头，用食盐（不沾

水）反复多次清洗后，翻面，将肠里的油、杂物清洗干净，再翻面清洗，最后将白丸粉撒在肠头表面揉洗，反复多次，清洗干净。然后倒入一定的料酒、花椒、姜片，码3分钟，去掉臭味。再放入开水中汆一下，捞出放入高汤内，加料酒、葱节、姜片、食盐少许，上笼蒸120 分钟左右，以肥肠头粑为度。大葱切6厘米的节，用小刀剖成花葱，泡在水里，待用。

（2）将莲白丝、甜椒丝拌成糖醋小碟，待用。甜酱加适量白糖，味精、香油少许，在小碟内调好，待用。

（3）豌豆粉调好，将已经蒸粑的肥肠头用干布擦干水分，抹糖汁上色，肠头冷却后，在豌豆粉里沾一层，放面包糠，再沾一层，待用。

（4）锅烧热，下油，待油温7成，放入已沾好面包糠的肥肠头，炸至金黄色，切成圆形0.2厘米厚的"扳指"，放在大长条盘一边，配上椒盐碟、甜酱碟，拌好生菜碟，配花葱，即成。

⊛ **特点**

色泽金黄、外酥里嫩、细软而香、配上生菜别具风味。

⚠ **注意**

（1）肥肠头要反复清洗，去尽臭味，这是做好此菜的前提。

（2）肥肠头一定要蒸粑，才能保证此菜外酥里嫩。

（3）炸之前要保证肥肠里不能有水分，以免炸时伤人。

⚠ **备注**

因肥肠形似古代人射击时用的"扳指"，圆形，故称"扳指"。

八宝酿梨

✍ **味型**

甜味。

♨ **烹制方法**

酿、蒸、淋汁。

🍲 **原料**

河北鸭梨5个（大小均匀）、糯米200克、冰糖250克、蜜汁樱桃15克、橘饼15克、冬瓜糖15克、薏仁15克、芡实15克、去芯莲子15克、蜜汁枣子15克、去皮桃仁15克、食用专用配料少许。

👨‍🍳 **制作**

（1）糯米淘洗干净，锅内加水1000克，烧开，倒入糯米，煮3分钟左右，至米中有生点，捞出待用。锅洗净，倒入水100克，放入冰糖，用小火，待冰糖化成玻璃汁，倒入碗中，待用。

（2）将八宝（蜜汁樱桃、橘饼、冬瓜糖、薏仁、芡实、去芯莲子、蜜汁枣子、去皮桃仁）剁成小颗粒，放在大碗内，与糯米和均匀，倒入冰糖汁80克，用筷子和匀，待用。

（3）大盆中倒入清水1000克，将食用专用配料压成细粉，放入盆中，用手搅几次。将梨用小刀削去皮，每个梨上部开个盖，挖去梨心，留2厘米厚，放入水中泡2分钟，待用。

（4）将削去皮的梨滤干水分，用小调羹将八宝颗粒酿入梨里，酿满为止，装盘，加梨盖，蒸25分钟。待梨粑时，用小刀划梨四面，不能划透，待用。

（5）锅洗净，倒入冰糖汁，加水100克，将冰糖煮化，烧开，淋在蒸好的八宝梨上，即成。

⊛ **特点**

甜香滋润，粑糯润肺，为席桌高档甜食。

注意

（1）掌握好八宝酿梨的粑糯程度，要恰到好处。

（2）酿八宝到梨里时，掌握好量，不能过多，以免影响梨的形状。

（3）蒸出来的梨应呈白色，不变色，一般用食用专用配料泡过的梨不会变色。

备注

（1）莲米一定要去芯，因为莲米芯有苦味。去芯方法：将莲米泡胀，用牙签剔除。

（2）按行话，八宝有咸甜之分。咸八宝为薏仁、芡实、莲米、百合、火腿、金钩、桃仁、糯米。

鱼香酥皮兔糕

味型

鱼香。

烹制方法

蒸、炸、淋汁。

原料

兔柳肉 300 克、肥膘肉 300 克、慈姑粒适量、鸡蛋清 3 个、姜粒 8 克、蒜粒 8 克、泡海椒粒 25 克、小葱花 16 克、白糖 20 克、醋 16 克、混合油 1000 克（实用 150 克）、高汤 100 克、水豆粉少许、酱油少许、食盐少许、味精少许、面包糠（实用 150 克）、鸡蛋 2 个、豌豆粉 60 克、料酒 10 克。

制作

（1）兔柳肉、肥膘肉分别捶成蓉，加鸡蛋清、料酒、食盐、味精、水、水豆粉，打成兔糁，待用。

（2）于平盘上抹少许混合油，将兔糁调好味，加入码过味的慈姑粒，用筷子和均匀，再用餐刀将兔糁抹在盘内，成 0.8 厘米厚的方块，上笼蒸12 分钟后，斜切成 6 厘米长、4 厘米宽的棱角形，待用。

（3）将豌豆粉在碗中调得较干后，用筷子将棱角形的兔糕，在豌豆粉里沾一层，然后放入面包糠里再沾一层，待用。

（4）锅置火口，倒入混合油 750 克，待油温升至 7 成，将兔糁轻放入锅内，炸成金黄色。注意火候先大、后小。捞出兔糕，放入盘中，摆好造型，待用。

（5）锅置火口，倒油 100 克，油温烧至7 成，放入泡海椒粒、姜粒、蒜粒，锅内煸香，倒入高汤，烧开，调好鱼香味汁，勾成二流芡，起锅淋入盘中，即成。

特点

色泽金黄、味道独特、口感舒适、摆盘美观。

注意

（1）掌握好打兔糁的要领，一般比例是5∶5，即兔蓉 50%、肥肉蓉 50%，与其他糁相同。

（2）棱角形，将原料斜切成 6 厘米的长条，再斜切成 4 厘米宽，行话称棱角形块。

（3）掌握好炒鱼香味汁，油温不能太

高，糖醋比例要适当。

⚠️ **备注**

兔糁是传统六大糁之一，川菜传统制作

的糁有六种：虾糁、兔糁、豆腐糁、鸡糁、鱼糁、肉糁。

雪花桃泥

✒️ **味型**

香甜。

🥄 **烹制方法**

炒。

🍲 **原料**

鸡蛋 4 个、去皮桃仁 80 克、熟芝麻 6 克、白糖 70 克、熟玉米粉 50 克、水豆粉少许、化猪油 80 克、红樱桃 1 个、香菜尖叶 1 根。

👨‍🍳 **制作**

(1) 将桃仁剁成小颗粒。鸡蛋黄、鸡蛋清分别打在两个碗里。用筷子将鸡蛋清顺一个方向打至立得起筷子；蛋黄打散后，加入熟玉米粉、白糖、桃仁颗粒、熟芝麻，再加一定量的水和水豆粉，打匀待用。

(2) 锅置火口，炙好，下化猪油，油温至 7 成，倒入调好的蛋黄浆，用炒勺在锅内迅速翻转，见桃泥成小块

时，起锅装盘。将事先做好的蛋泡用餐刀抹在桃泥上，形成 2 厘米厚的圆形盖，再将香菜尖叶、红樱桃牵成一组花，即成。

🎴 **特点**

黄白分明、口感香甜。

⚠️ **注意**

(1) 掌握好蛋、水、水豆粉的比例，是炒好桃泥的关键。一般比例是 3 个鸡蛋、玉米粉 50 克、清水 100 克、水豆粉 20 克，这样炒出的桃泥不干也不稀。

(2) 成菜后，如油多可以倒出来，以免伤油。

(3) 掌握好甜度，不要过甜。

⚠️ **备注**

此菜是筵席中的甜菜。行业人士认为，传统席桌，无鸡不鲜、无鸭不香、无甜综合口感不成席。

绣球鱼翅

✒️ **味型**

咸鲜。

🥄 **烹制方法**

煮。

🍲 **原料**

净鲶鱼肉 200 克、肥膘肉 100 克、鸡蛋清 2 个、瘦火腿丝 80 克、水发毛鱼翅 150 克、水发黑木耳丝 30 克、蛋皮丝 60 克、丝瓜皮丝 30 克、水盆鸡 750 克、水

盆鸭 750 克、猪背柳肉 400 克、火腿棒骨 250 克、食盐少许、味精少许、料酒 5 克、水豆粉少许、鸡脯肉适量。

制作

（1）将鲶鱼肉、肥膘肉捶成泥，蛋清打成泡，调好味，混合打成鱼糁。将鸡、鸭、火腿棒骨炖成高汤。再将鸡脯肉、猪背柳肉捶成蓉，加水，将高汤清成特级清汤，待用。

（2）将水发毛鱼翅用干布挤干水分。于平盘中将已备好的各种丝用手拌匀，备用。

（3）用手将鱼糁做成 3.5 厘米大小的丸子，再将各种丝粘在鱼糁丸子上，要粘均匀。粘好后，放在另外一个盘子中，上笼蒸 3 分钟，待用。

（4）锅置火口，倒入特级清汤，烧开后放入粘好的绣球，用小火煮 5 分钟，倒入大碗中调好味，即成。

特点

形状美观，形如绣球，色彩鲜艳，汤味鲜美。

注意

（1）此菜的鱼糁与蝴蝶海参的鱼糁有所不同，蝴蝶海参没有浮力，而此菜要求浮在面上，因此比例是鱼蓉 55%、肥肉蓉 45%。

（2）各种丝不能太长，要切成 3 厘米×0.1 厘米的细丝，这样做出来的绣球才合适。

（3）清汤要清澈见底，不能混汤，表面要不见油珠，味清淡、适中。

（4）粘在绣球上的各种丝不能脱离，绣球应漂浮在汤中。

备注

此菜宜夏季安排为头菜。

荷包鱿鱼

味型
咸鲜。

烹制方法
蒸、淋汁。

原料
水发阿根廷鱿鱼 400 克、鸡脯肉 250 克、肥膘肉 250 克、蛋清 3 个、高汤 500 克、甜椒丝和颗粒各 20 克、韭菜丝和颗粒各 50 克、水豆粉适量、鸡精少许、味精少许、食盐少许、鸡油少许、姜片 8 克、蒜片 8 克、大葱头节 3 节、化猪油（实用 100 克）、料酒 5 克。

制作

（1）将鸡脯肉、肥膘肉分别捶成蓉，加蛋清、水豆粉、清水、食盐、味精，打成鸡糁，待用。

（2）将水发鱿鱼反复煮两次，去掉碱味。将高汤 250 克倒入锅内，小火烧开，放入鱿鱼，汆煮一下，捞出（汤不要），用干布浸干水分，待用。

（3）将鱿鱼切成长 7 厘米、宽 5 厘米的方形片 12 片，每片用刀修成圆角，待用。

（4）取大不锈钢平盘，将修好的鱿鱼片码放整齐，擦干鱿鱼上的水分，用餐刀将鸡糁分成 12 份，保证每片鱿鱼上的鸡糁用量均匀。用餐刀抹平展后，用小镊子修整出每片的边围，最好在中间修整出生动的、不同的花形。上笼蒸 3 分钟后，放入大圆盘，摆放整齐，待用。

（5）锅置火口，倒入化猪油，待油温 4 成，将姜片、葱节放入锅内煸香，再倒入高汤，烧开后捞出姜片、葱节，调好味，勾成玻璃芡，淋入鸡油，再淋在"荷包鱿鱼"上，即成。

🔅 特点
色泽美观、味道鲜美，是传统高档筵席的头菜。

⚠️ 注意
要掌握好打糁，鱿鱼要与糁粘为一体。可将鱿鱼粘糁的一面抹少许细豆粉，要保证鱿鱼表面无水，这样会更牢些。

⚠️ 备注
勾玻璃芡用慈姑粉效果最好，半透明，像玻璃。

锅贴鸽蛋

🖌 味型
咸鲜。

🥄 烹制方法
蒸、贴。

🍲 原料
煮熟的鸽蛋 6 个、鸡脯肉 250 克、熟肥膘肉 300 克、鸡蛋清 3 个、熟瘦火腿丝 50 克、韭菜丝 50 克、水发发菜丝 50 克、豌豆粉 60 克、糖醋生菜 1 碟 150 克、椒盐小碟 30 克、花葱 12 个、化猪油 30 克、食盐少许、味精少许、料酒少许。

👨‍🍳 制作

（1）将鸡脯肉、肥膘肉分别捶成蓉，蛋清打成泡，加食盐、味精、料酒，打成鸡糁，待用。

（2）取调羹 12 个，抹入少许化猪油，用餐刀将鸡糁抹在调羹周边。将已煮熟的鸽蛋对切为两半，压入鸡糁中间。用餐刀将调羹抹平，中间蛋黄不抹。

（3）用小镊子将韭菜丝、发菜丝在抹好的鸽蛋上牵出"凤眼鸽蛋"，上笼蒸 2 分钟。出笼用干布将调羹底部抹干净，再将肥膘肉切成调羹大小的片，将鸡糁用豌豆粉粘在肥膘肉上，粘稳，待用。

（4）平锅置火口，用小火，将已经粘好的鸽蛋放入锅中，倒入少量水，加盖煎 2 分钟。待煎出香味，起锅装盘。将已准备好的糖醋生菜、花葱、椒盐小碟，摆在盘子的另一边，即成。

⊛ 特点

形态生动, 底酥面嫩, 别具风味。

⚠ 注意

(1) 抹调羹的油不能多, 多了肥膘肉粘不上。

(2) 牵摆凤眼时, 要牵得生动、逼真。

(3) 掌握好火候, 用小火, 不断转动平锅, 使火候均匀, 这样贴出来的底部酥皮均匀。

⚠ 备注

按传统筵席走菜规矩, 锅贴菜肴是第二道菜。

龙凤火腿

✐ 味型

椒盐、咸鲜。

⚒ 烹制方法

蒸、炸。

☗ 原料

鸡脯肉 500 克、肥膘肉 250 克、水豆粉少许、料酒少许、净蛇肉 300 克、香菇 50 克、碎米芽菜 40 克、姜末 20 克、葱汁 15 克、食盐少许、味精少许、豌豆粉 15 克、面包糠 (实用 120 克)、三明治 400 克、料酒少许、青笋 150 克、甜椒少许、香油少许、甜酱 60 克、白糖 12 克、餐巾纸 12 张、混合油 (实用 120 克)、鸡腿棒骨 12 根。

♡ 制作

(1) 将鸡脯肉、肥膘肉分别捶成蓉, 蛋清打成泡, 加水、食盐、料酒、味精, 打成鸡糁, 待用。

(2) 将去皮、去骨蛇肉切成细粒 (臊子), 香菇切成细粒。锅置火口, 下油, 待油温升至 4 成, 将切好的蛇肉入锅炒熟, 放入碎米芽菜、香菇、姜末。在锅内煵香后, 倒入料酒、葱汁, 调好味, 炒后, 起锅待

用。三明治切成 12 片, 摆在盘子周边, 待用。将青笋、甜椒切成丝, 拌成糖醋碟, 甜酱加白糖兑成碟, 另准备椒盐碟。

(3) 将鸡糁放入大碗, 放入已炒好的臊子, 倒入料酒、葱汁, 用筷子顺一个方向铲 3 分钟。把鸡腿棒骨放在手上, 裹在鸡糁中间, 做成长圆形"火腿", 沾上一层豌豆粉, 再沾一层面包糠, 待用。

(4) 锅置火口, 锅热后, 倒入油, 烧至 6 成, 把做好的"火腿"下锅炸成浅黄色, 捞出。待油温至 7 成时, 再复炸成金黄色, 捞起摆盘。

(5) 盘中间放椒盐碟、糖醋碟、甜酱碟, 三明治摆在盘周边。"火腿"上刷少许香油。用餐巾纸将鸡腿骨包好, 放在三明治上, 即成。

⊛ 特点

色泽金黄, 香酥可口, 形色美观。

⚠ 注意

(1) 炸时掌握好油温, 避免炸好后里面还是生的, 影响菜品质量。

(2) 二次下锅炸是利用油温使火腿内部熟透，一般要炸 2 分钟，不断翻动，使其受热均匀。油温不能高，保持在 7 成油温。用火是先大火，后小火。

⚠ 备注

(1) 传统行业称鸡为凤。

(2) 能去皮、去骨的蛇一般要 2~2.5 千克重，蛇小了不行。

(3) 做此菜一定要戴卫生手套。

米凉粉拌鲫鱼

🖌 味型
麻、辣。

🍳 烹制方法
拌。

🍲 原料
鲫鱼 3 尾 500 克、米凉粉 500 克、猪熟肉馅 100 克、碎米芽菜 30 克、永川豆豉 25 克、花椒 3 克、花椒面 3 克、芹菜花 50 克、大蒜末 10 克、姜末 10 克、香葱花 30 克、熟海椒油 100 克、香油少许、酱油 50 克、醪糟汁 40 克、味精少许、酥花生米 30 克、网油半张、料酒少许、食盐少许、葱节少许。

🍳 制作

(1) 将鲫鱼去鳞，剖腹洗净，抹上醪糟汁、食盐、葱节、花椒、料酒、姜末，用网油分别包好，放在盘子里上笼蒸 3 分钟，待用。

(2) 凉粉切成 2 厘米见方的丁，倒入开水锅中汆煮 2 分钟后，捞出待用。

(3) 用菜刀将豆豉剁成细粒，用油在锅内煸香后，起锅待用；碎米芽菜也在锅内用油炒香后，起锅待用。

(4) 将熟海椒油、香油、酱油、蒜末、姜末、豆豉、芹菜花、葱花、花椒面放入碗内，倒入少量高汤、味精，调好滋汁，待用。

(5) 将蒸好的鲫鱼揭去网油、葱节、花椒、姜末（不要），摆在盘中，倒入凉粉，撒上熟臊子，将调好的麻辣滋汁淋在上面，放入酥花生米，即成。

⊛ 特点
地方风味、川味麻辣、色泽红亮、口感浓厚。

⚠ 注意

(1) 生码鲫鱼时，要掌握好咸淡，蒸鲫鱼要掌握好火候，不要蒸得太老或不熟。

(2) 调汁要突出麻辣，掌握好咸淡。

⚠ 备注
将凉粉汆煮一下，是因为凉粉是用石灰水做出来的，用水汆煮一下可去掉石灰水味，口感更好。

白汁鱼肚

味型

咸鲜。

烹制方法

烩。

原料

油发水泡鱼肚 400 克、芙蓉鸡片 300 克、豌豆尖 100 克、熟鸡片 60 克、火腿片 60 克、化猪油 100 克、鸡油 10 克、葱节 3 根、姜片 6 克、食盐少许、料酒少许、味精少许、浓汁鸡汤 300 克、水豆粉少许。

制作

(1) 准备大窝盘一个。锅内倒入清水 750 克，烧开，放入化猪油少许（此时关火），将洗干净的豌豆尖放入锅内氽一下，捞出置盘中，待用。

(2) 锅置火口，烧热，倒入化猪油，烧至 4 成，放入葱节、姜片，炒香后倒入浓汁鸡汤，烧开后捞出姜片、葱节（不要），再倒入火腿片、熟鸡片、芙蓉鸡片，烧 2 分钟，调好味，捞出盖在豌豆尖上，汤留锅内，待用。

(3) 将鱼肚倒入锅内浓汤中烧 2 分钟，调好味，勾成二流芡，再淋入鸡油，起锅盖在"芙蓉鸡片"上，即成。

特点

色泽调和，汤鲜味浓，清爽嫩滑。

注意

(1) 油发鱼肚一定要发均匀、不硬边。

(2) 清洗鱼肚时，先用温水将鱼肚泡软，再用面粉反复清洗，这样洗出来的鱼肚色泽白亮且不油腻。

(3) 二流芡只能勾少许，因为鱼肚含胶质，以免成菜糊汤。

(4) 芙蓉鸡片制法：锅炙好，小火热锅，倒入化猪油 100 克，烧至 3 成左右，用炒勺顺锅边倒入鸡浆，冲成芙蓉鸡片。鸡片浮至面上后捞入事前准备好的热汤中，再捞出改刀成菱形，即成。

备注

氽豌豆尖时放入少许化猪油，氽出来的豌豆尖颜色鲜艳，因为猪油有护色作用。

家常鱿鱼

味型

家常。

烹制方法

烧。

原料

水发鱿鱼 600 克、猪肉馅 150 克、郫县豆瓣 60 克、蒜末 8 克、姜末 8 克、咸红酱油 5 克、黄豆芽 150 克、蒜苗头末 50 克、味精少许、高汤 400 克、水豆粉少许、香油少许、食盐少许、混合油 100 克、料酒少许。

制作

(1) 鱿鱼片成厚薄均匀的片，再改刀成长 6 厘米、宽 4 厘米的片，郫县豆瓣剁细，待用。

（2）锅置火口，将黄豆芽去尖、去根，放入锅内煸干水分后，放入少许油，调好味，起锅装入盘中，待用。

（3）锅内倒清水 750 克烧开，将已发好的鱿鱼在锅内反复汆煮两次，捞出，再在高汤中煮 1 分钟，捞出待用。

（4）锅置火口，烧热炙好锅，留油 100克，放入肉粒，煸干水分，放入郫县豆瓣、姜末、蒜末、蒜苗头末，在锅内煸香后倒入高汤，烧开后放入鱿鱼，烧 1 分钟左右，调好味，用炒勺捞出鱿鱼，盖在豆芽上面。锅内汤汁勾芡，淋入少许香油，起锅淋入盘中，即成。

⊗ 特点

色泽红亮，味浓醇香。

⚠ 注意

（1）煸炒馅料时要煸干水分，使肉馅香脆。

（2）此菜的芡要勾得比较浓，才能使鱿鱼入味。

⚠ 备注

水发鱿鱼，将鱿鱼用淘米水反复泡涨 5~6天。将表皮的血筋去掉、改刀，泡后捞出，用食用碱发。将鱿鱼泡在碱水里，一起倒入锅内煮开，再倒入盆内浸泡，几小时后捞出，放在开水里反复浸泡。待鱿鱼呈人体肤色时，再用清水浸泡，即成。不要把鱿鱼泡得太软，太软容易化。

牡丹鸡片

✎ 味型

咸鲜。

✋ 烹制方法

熘。

🍲 原料

鸡脯肉 120 克、熟火腿片 50 克、香菇片 40 克、口蘑片 50 克、豌豆尖 12 根、马耳朵泡椒节 30 克、马耳朵葱节 25 克、蒜片 6 克、姜片 6 克、化猪油（实用 100 克）、豌豆粉 100 克、鸡油少许、水豆粉少许、面粉 80 克、胡椒面少许、食盐少许、味精少许、鸡蛋清 3 个、高汤 80 克、料酒少许。

🍳 制作

（1）将鸡蛋清倒入大窝盘，用筷子快速打成雪白的蛋泡，打至立得起筷子。放入面粉和豌豆粉和水豆粉，打均匀。将鸡脯肉片成 5 厘米长、4 厘米宽、0.2 厘米厚的鸡片，待用。

（2）锅烧热，放入化猪油 750 克，待油温 3 成，用筷子将鸡片一片一片地放入打好的蛋泡中，沾一层，然后放入锅内浸炸。翻面后，见鸡片浮上油面，捞出放在盘里，待用。

（3）锅置火口，倒入化猪油，待油温烧至 6 成倒入，熟火腿片、香菇片、口蘑片、豌豆尖、泡椒节、蒜片、姜片、葱节、鸡片，迅速颠几次。将高汤、食盐、料酒、胡椒面、味精、水豆粉下锅，调好滋汁，起锅前淋入鸡油，装盘，即成。

✎ 特点

颜色美观、质地滑嫩、味道鲜美。

⚠ 注意

（1）切的鸡片一定要厚薄均匀。

（2）浸炸时要掌握好油温、火候。

（3）做此菜动作要快，兑的滋汁咸淡要适宜，以保证菜品质量。

⚠ 备注

浸炸时用比较低的油温炸，一般3成热。

瓜燕鸽蛋

✎ 味型

咸鲜。

🍲 烹制方法

蒸、清汤、煮。

🍱 原料

水盆鸭500克、水盆鸡700克、火腿200克、瘦肉600克、鸡脯肉200克、生姜30克、冬瓜600克、鸽蛋12个、冬笋片100克、熟心和舌片各120克、水发金钩150克、熟鸡片100克、水发鸡枞菌80克、特级清汤800克、化猪油少许、味精少许、食盐少许、细豌豆粉（实用100克）、香油少许、胡椒面少许、料酒少许。

👨‍🍳 制作

（1）将鸡、鸭、火腿、瘦肉300克放入锅内，炖成高汤。将鸡脯肉、瘦肉300克分别捶成蓉，加水打均匀，分多次将锅内高汤澄清成特级清汤，待用。将鸡枞菌切成片。

（2）将冬瓜切成长6厘米、粗细0.2厘米的丝，撒上细豌豆粉，沾上一层厚薄均匀的细豌豆粉后装盘，上笼蒸1分钟，出笼后泡在清水碗里待用。

（3）选用大瓷调羹，洗净，抹少许化猪油，将鸽蛋打入调羹，放上金钩，上笼蒸3分钟，出笼待用。锅内倒清水烧开后，将鸽蛋放入水中氽一下，去除油腻。

（4）锅内倒入特级清汤，烧开，放入冬笋片、舌片、心片、熟鸡片、鸡枞菌和鸽蛋，烧开，放入食盐、胡椒面、味精、料酒调好味，起锅前将已经蒸好的瓜燕放入锅中，起锅装碗，即成。

✎ 特点

制作精细、色泽分明、味道鲜美、营养丰富。

⚠ 注意

沾冬瓜丝的细豌豆粉要均匀，蒸的时间不能过长。

⚠ 备注

瓜燕是行业说法。蒸好的冬瓜丝浮在汤面上，形似燕窝，故名瓜燕。

蛋饺海参

味型

咸鲜。

烹制方法

包，烧。

原料

水发梅花参片 400 克、熟鸡片 150 克、熟火腿片 120 克、冬笋片 100 克、口蘑片 100 克、熟猪肚和舌片各 80 克、鸡蛋 6 个、浓汤 300 克、化猪油 100 克、鸡油少许、豌豆粉 100 克、熟肉馅 150 克、胡椒面少许、味精少许、食用盐少许、葱节 3 根、姜片 8 克、料酒 10 克。

制作

(1) 将熟肉馅倒入碗内，调好味。鸡蛋打入另一个碗内，放入少许食盐，用筷子铲均匀后，待用。炒勺置火口，炙好勺，刷少许化猪油，热后，用小调羹将蛋浆倒在炒勺内，摊成圆形薄蛋皮。将熟肉馅放在蛋皮中间，用手在边上沾点豌豆粉，包成蛋饺，置火口使蛋饺粘好。依次做好 20 个蛋饺，待用。

(2) 锅置火口，烧热，倒入化猪油，至油温 4 成，放入葱节、姜片，煵香后倒入浓汤，放少许窝油、胡椒面、食盐、味精调好味，再倒入冬笋片、蛋饺、熟火腿片、肚片、舌片、口蘑片，锅内烧 3 分钟至入味，捞出放在盘中。将海参片倒入浓汤，烧 1 分钟，捞出盖在盘子里的菜上面。将 10 个蛋饺摆在盘子周边。锅内汤勾成二流芡，放入少许鸡油，倒在盘中和周边的蛋饺上，即成。

特点

色泽分明，味美口鲜。

注意

(1) 用炒勺摊蛋皮要注意火候，一般用小火，以免将蛋皮摊煳。

(2) 包蛋饺要包紧，要封好边口，避免爆开。

(3) 烧此菜注意烧入味，把握好咸淡。

备注

此菜是传统筵席头菜。

八宝葫芦鸭

味型

咸鲜。

烹制方法

酿、蒸、炸、淋汁。

原料

水盆鸭 1 只 1500 克、糯米 150 克、薏仁 50 克、芡实 50 克、去芯莲米 50 克、百合 50 克、水发金钩 30 克、火腿粒 80 克、去皮桃仁 50 克、青笋和胡萝卜雕刻的小葫芦各 3 个、高汤 300 克、化猪油少许、菜油（实用 80 克）、糖汁少许、味精少许、食盐少许、干肠衣 2 米、葱节 3 根、姜片 8 克、水豆粉少许、香油少许、料酒少许。

制作

(1) 将雕刻好的小葫芦对切两半倒入开

水，放入盐、少许化猪油，在锅内煮熟（约 1 分钟），起锅捞出，叉色摆在大盘周边，待用。

（2）将鸭子置墩子上，砍去脚，切断鸭的整个喉咙骨，再从颈部向下剔去鸭的整个背骨，再剔去鸭的腿骨、砍去翅膀。剔完后，用肠衣将鸭的腿部、翅部扎紧，翻面待用。

（3）将莲米切成小粒，芡实、薏仁、百合在开水中煮 1 分钟，糯米在锅内煮 2 分钟，分别捞出，倒入大碗内，放入化猪油、食盐、味精、料酒、金钩、火腿粒，用筷子和匀，待用。

（4）将和匀的"八宝"填在剔好的鸭子体内，酿满为止。用纱布包裹鸭子，造好葫芦形，用针线缝口，上笼蒸 80 分钟，出笼后用干布压干水分，将鸭子全身抹糖汁上色，冷却待用。

（5）用牙签在鸭子身上扎眼放气。锅内

下油 1000 克，油温烧至 6 成，将鸭子放入锅内，翻动，炸成金黄色捞出，摆在已经备好的盘子里造型，将缝线拆除，待用。

（6）锅内留油，下葱节、姜片，在锅内煸香，倒入高汤，调好味，勾二流芡，滴入少许香油，起锅淋在"八宝葫芦鸭"上面，即成。

⊛ 特点

造型美观，色泽金黄，外酥内糯，味道鲜美。

⚠ 注意

（1）酿的八宝要适度，多了容易爆，少了影响造型。

（2）炸时掌握好火候，不要将鸭皮炸煳，要随时翻动。

⚠ 备注

鸭子放气是因为鸭蒸好后会涨起，肚子里有一定的空气，而炸时油温比较高，所以炸前要放气，避免爆裂。

花仁鸭方

✎ 味型

椒盐、咸鲜、糖醋。

✋ 烹制方法

卤、蒸、贴。

🍲 原料

水盆鸭 1 只（1500 克）、鸡脯肉 300 克、肥膘肉 150 克、鸡蛋清 3 个、水豆粉少许、去皮酥花生 60 克、糖醋生菜 80 克、椒盐碟 50 克、醪糟汁 50 克、料酒少许、葱节 3 根、味精少许、食盐少许、卤水

1 罐、胡椒面 0.5 克。

👨‍🍳 制作

（1）将鸡脯肉、肥膘肉分别捶成蓉，蛋清打成泡，加水、水豆粉、食盐、味精、料酒，打成鸡糁，待用。

（2）将水盆鸭洗净，将食盐、醪糟汁、葱节、胡椒面、料酒调成滋汁，抹遍鸭子全身，最后的滋汁在鸭肚子里抹完，码味一小时，待用。

（3）卤水烧开，将码好味的鸭子放在卤

水中小火卤40分钟。捞出冷却后，剔去卤鸭子的全部骨头，保持整片，鸭翅、鸭脖子不要，再将鸭瘦肉面厚的部分片去，留作他用。鸭的整片厚度大约1厘米。

(4) 大不锈钢平盘洗净，将剔好的整片鸭子在盘中摆好，用餐刀将鸡糁抹在鸭瘦肉的一面，抹成厚2.5厘米、长15厘米、宽15厘米的大鸭方，上笼蒸5分钟左右，出笼后将酥花生按入已经蒸好的鸭方中，按摆整齐，待用。

(5) 将糖醋生菜碟拌好，放在长盘的一边，椒盐碟放在糖醋生菜碟旁边。

(6) 平锅置火口，烧热后，倒入油200克，烧至4成，将鸭方放入锅内，加盖，小火煎3分钟。待花仁鸭方有香味后，移至墩子上改成长5厘米、宽3厘米的条，装盘，即成。

🥣 **特点**

口感香酥，入口化渣。

⚠️ **注意**

(1) 鸡糁不要打老了，老了吃起来口感差。

(2) 煎贴时注意火候和油温。

⚠️ **备注**

此菜是传统二道香酥锅贴，是传统的"二菜"。

一品豆腐

🖊 **味型**

咸鲜。

🍲 **烹制方法**

酿、蒸、淋汁。

🍱 **原料**

嫩豆腐150克、鸡脯肉400克、肥膘肉100克、水发海参150克、鸡蛋清3个、火腿50克、冬笋50克、黄瓜皮80克、韭菜叶40克、水发发菜20克、皮蛋半只、大葱4节、姜10克、水豆粉少许、香菇50克、食盐少许、味精少许、料酒少许、高汤250克、化猪油少许、鸡油少许。

👨‍🍳 **制作**

(1) 将嫩豆腐用漏勺压成泥，鸡脯肉250克片成薄片，去除白筋，用刀背捶成鸡蓉。将肥膘肉捶成肥肉蓉。将海参、火腿、冬笋、鸡脯肉、香菇切成粒，姜切成末，大葱切成小节，待用。

(2) 鸡蛋清倒入盘内，打成蛋泡，放入鸡蓉、肥肉蓉、豆腐泥、水豆粉，加入少许清水及食盐、味精、料酒少许，朝一个方向打，打成豆腐糁。

(3) 在海参、火腿、冬笋、鸡脯肉、香菇、姜末中加入食盐、味精少许，调好味后放入大平盘，用餐刀抹平。再将豆腐糁抹在上面，抹成一个大圆形，抹平展。韭菜叶用开水汆一下，切成细丝。将做好的豆腐糁上笼蒸8分钟，出笼待用。

（4）将黄瓜皮雕成一竹笼待用。用小镊子将菜丝在圆形豆腐糁上牵摆出一圆边。用熊猫模具在豆腐糁中间轻压，形成线条，用韭菜丝沿线条牵摆出熊猫图案。将雕刻好的竹笼拼摆在熊猫左边，牵出几根生的竹子。用韭菜丝在熊猫右边牵摆出一些小草。将皮蛋雕刻成眼睛，粘在熊猫脸上，用发菜在熊猫眼睛周围粘一层、足部粘一层、耳朵粘一层，形成熊猫图形。上笼蒸2分钟，出笼待用。

（5）锅内倒入化猪油，至油温4成，下葱节、姜片，在锅内煸香后，倒入高汤。姜片、葱节捞出不要。烧开后，调好味，勾二流芡，淋在一品豆腐上，即成。

◎ **特点**

图形美观、味道鲜美、口感巴适。

⚠ **注意**

（1）豆腐糁要抹成18厘米的大圆形，厚薄要均匀，表面要抹平展。

（2）要将图案构思清楚，才能保证做好此菜。

仔母相烩

✏ **味型**

咸鲜。

🍲 **烹制方法**

烩。

🍱 **原料**

水盆鸽子3只、鸽蛋12个、高汤250克、酱油少许、糖汁30克、葱节3根、料酒少许、胡椒面少许、味精少许、食盐少许、水豆粉少许、醪糟汁15克、混合油75克、细豌豆粉少许、鸡油少许、姜片少许。

👨‍🍳 **制作**

（1）鸽子清洗干净，砍去鸽足（不要），码上食盐、姜片、葱节、醪糟汁。先抹皮面，后抹肚内。上笼蒸20分钟，出笼后抹入糖汁，待用。锅内倒水700克，放入鸽蛋煮4分钟后捞出，泡在冷水中，去壳，捞出待用。

（2）锅置火口，倒入油750克，油温至6成，将蒸好的鸽子擦干水分，炸成金黄色，捞出。鸽蛋沾一层细豌豆粉，下锅炸成黄色，捞出待用。

（3）锅内油倒入油盆，锅擦干净，再倒入50克油，烧至6成，倒入高汤、酱油、胡椒面、味精、食盐。将已炸好的鸽子、鸽蛋放入锅内，用中火烧5分钟。待鸽子耙香后捞出，汤勾二流芡，淋入鸡油，起锅淋在鸽子上，鸽蛋摆在3只鸽子周边，即成。

◎ **特点**

色泽红亮，鸽子耙香，鸽蛋鲜嫩，营养丰富。

⚠ **注意**

（1）要选用大小、老嫩均匀的鸽子。

（2）鸽子要蒸粑。

（3）鸽蛋沾细豌豆粉不能过多，以免造成"油蚂蚁"。

（4）掌握好炸的油温、火候。

⚠ **备注**

油蚂蚁是指炸掉的豆粉渣，落在油底，俗称"油蚂蚁"。

坛子肉

✎ **味型**

咸鲜。

🥄 **烹制方法**

煮、蒸、淋汁。

🍲 **原料**

水发海参 150 克、水发鱿鱼 150 克、猪肘子 300 克、熟猪肚 100 克、熟心和舌各 100 克、水发干贝 30 克、冬笋 60 克、鸡腿菇 30 克、香菇 30 克、熟去壳鸡蛋 1 个、大葱 4 根、浓汤 250 克、糖汁少许、酱油少许、水豆粉少许、味精少许、食盐少许、香油少许、老姜 10 克。

👨‍🍳 **制作**

（1）生肘子煮 30 分钟，捞出，擦干水分，抹上糖汁后，放入 6 成热油中炸至金黄色，泡入热水中。捞出片成长 6 厘米、宽 2.5 厘米、厚 1.5 厘米的条。熟鸡蛋沾一层豆粉，下锅炸成金黄色，捞出待用。

（2）将海参、鱿鱼、猪肚、熟舌、熟心、鸡腿菇、香菇、冬笋，分别切成片，大葱切成 3.5 厘米长的节，老姜切成片，剩余的肘子切成片。

（3）将熟猪肚、熟舌、熟心、冬笋、肘子在大碗内摆成"风车形"。将干贝、鸡腿菇、香菇、剩余的肘子片、熟鸡蛋、葱节、姜片和匀，放入碗中，再倒入酱油、味精、食盐、浓汤调匀的滋汁，上笼蒸 40 分钟，倒出汤汁，待用。

（4）将蒸坛子肉倒出的滋汁放入锅内，烧开后放入海参、鱿鱼，烧 1 分钟，入味后，捞出盖在坛子肉上面，勾二流芡，滴少许香油，淋在坛子肉上，即成。

🍥 **特点**

色泽金黄、浓香味鲜。

⚠ **注意**

（1）熟猪肚、熟心、熟舌和肘子，要掌握好时间，注意熟粑度。

（2）掌握好咸淡。

（3）坛子肉是传统席桌的头菜。

⚠ **备注**

将各种原料交叉摆成圆形，行业称"风车形"。

雪花蛋球

味型

甜香。

烹制方法

炸、粘。

原料

白糖玫瑰馅心 250 克、鸡蛋清 4 个、细豌豆粉 70 克、面粉 70 克、白糖 180 克、苋菜汁 3 克、化猪油（实用 120 克）。

制作

（1）将玫瑰馅心分成 20 个小块，沾上细豌豆粉、面粉，做成圆球形，待用。

（2）将鸡蛋清倒入窝盘，用筷子顺一个方向铲成雪白能立起筷子的蛋泡，再加入细豌豆粉、面粉，和匀，2 分钟后，待用。

（3）将白糖 40 克倒入小碗中，加入少许苋菜汁，用筷子和成"胭脂糖"，待用。

（4）锅置火口，倒入化猪油 750 克，油温烧至 3 成，改小火，用筷子夹住玫瑰馅心球，在已经铲好的蛋泡里沾一层，沾均匀后放入锅内炸成蛋球，浮面后用筷子翻动，炸均匀，捞出，放在盘中，待用。

（5）锅清洗干净，倒入清水 40 克，再倒入白糖，微火炒成大泡。锅边见霜时，锅离火口，边炒边颠几下，待冷却后，装盘，撒上"胭脂糖"，即成。

特点

颜色洁白、香甜可口、形如蛋球。

注意

（1）沾蛋泡要沾均匀，避免炸的球不圆。

（2）掌握好炸的火候，炸蛋球时油温不能高，油温高了容易漏馅心。

备注

白糖兑苋菜汁，行业称"胭脂糖"。

鸡濛菜心

味型

咸鲜。

烹制方法

濛。

原料

鸡脯肉 400 克、肥膘肉 150 克、鸡蛋清 4 个、猪背柳肉 200 克、冬苋菜尖 24 根、水盆鸡半只 750 克、水盆鸭半只 750 克、腿棒骨 500 克、猪瘦肉 500 克、味精少许、食盐少许、料酒少许、水豆粉 100 克、老姜 30 克、葱 20 克、番茄片 80 克、鸡油少许。

制作

（1）将鸡、鸭、猪瘦肉、腿棒骨（敲破）放入大锅中大火烧开，撇去浮渣，先大火后小火炖 6 小时，成高汤。将鸡脯肉、猪背柳肉、肥膘肉分别捶成蓉，待用。

（2）将鸡蓉 150 克、猪背柳肉蓉分别加水铲成鸡浆、肉浆。锅置火口，倒入高汤，加入料酒、食盐、味精，再用鸡浆、肉浆将高汤澄清成特级清汤，倒入大碗中，用干净纱布滤清各种渣。

（3）将鸡蛋清打散，加水、水豆粉、食盐、味精，调匀。再放入鸡蓉 200 克、肥肉蓉 150 克，朝一个方向打成鸡糁，待用。

（4）将冬苋菜尖淘洗干净，擦干水分。锅内倒入特级清汤，烧开后改用小火。将冬苋菜放在手上，用餐刀将鸡糁抹一层在冬苋菜尖上，全部做完后放入特级清汤中煮 1 分钟，捞出放入另一个开水碗里泡着，待用。将番茄片放入特级清汤中余煮一下，捞入碗中，再将已经做好的鸡濛菜心放入锅内煮 20 秒，放入少许鸡油，连汤倒入放番茄的碗内，即成。

🍳 **特点**

菜嫩汤鲜，清爽可口，清澈见底。

⚠ **注意**

（1）要将每一个菜心的鸡糁抹均匀。

（2）要掌握好烧特级清汤的火候，不能将濛的菜心在汤内煮得太久，以免影响菜心颜色。

⚠ **备注**

濛是川菜传统高档精做四大烹饪方法之一。

箱子豆腐

🖊 **味型**

咸鲜。

✋ **烹制方法**

炸、酿、淋汁。

🍲 **原料**

豆腐 1000 克、肉馅 150 克、火腿 50 克、冬笋 50 克、芽菜 25 克、口蘑 50 克、香葱花 10 克、蒜末 10 克、姜末 8 克、高汤 100 克、胡椒面少许、酱油少许、食盐少许、鸡油少许、味精少许、水豆粉少许、菜油（实用 200 克）。

👨‍🍳 **制作**

（1）将豆腐切成长 6 厘米、宽 3 厘米的条，共 16 条，待用。将火腿、冬笋、芽菜、口蘑切粒，待用。将肉馅放入锅内炒香，放入蒜末、姜末、酱油、香葱花、胡椒面、食盐、味精，再将芽菜、火腿、冬笋、口蘑粒放入肉馅中，一起炒成馅，起锅，待用。

（2）锅置火口，倒入油 1500 克，待油温至 7 成，放入豆腐，炸至金黄色，捞出置盘中。用刀切去五分之一作为箱盖，用小刀挖去豆腐心（不要），约挖去 5 厘米×2 厘米，待用。用调羹将馅酿满已挖好的豆腐，酿 16 个，盖上箱盖，上笼蒸 3 分钟，装盘，待用。

（3）锅置火口，倒入油 80 克，油温烧至 5 成，倒入高汤，放少许酱油，调好味，勾二流芡，滴少许鸡油，起锅淋入盘中的箱子豆腐上，即成。

🍳 **特点**

色泽金黄，形如箱子，咸鲜味浓。

⚠ 注意

（1）豆腐要切得大小、长短整齐，以免影响美观。

（2）炸豆腐要掌握好火候和油温。

（3）豆腐心要挖整齐，酿豆腐馅心的多少要适度。

⚠ 备注

酿是传统川味高档烹制方法之一。

第三节　创新高档川菜

龙鱼

✎ 味型

果汁。

✋ 烹制方法

炸、淋汁。

🍲 原料

草鱼一尾 900 克、番茄酱 200 克、豌豆粉 250 克、料酒 20 克、蒜米 15 克、姜米 10 克、葱花 10 克、鲜汤适量、食盐适量、白糖适量、白醋适量、鸡精适量、味精适量、蛋松（做龙足造型用）100 克、水豆粉适量、红樱桃 2 颗、银丝粉适量。

👨‍🍳 制作

（1）将草鱼去骨，切十字花刀，把整鱼片肉，切好、码味 20 分钟，将一片整鱼花片沾一层豌豆粉卷成筒，在炒勺上造型龙身。

（2）锅内下油 1000 克，油温烧至 6 成，将已摆在炒勺上的龙身、鱼头、鱼尾分别炸熟。先将鱼头、鱼尾摆在长条盘两头，待龙身表面酥、熟后捞起，摆在长条盘中间做龙身。

（3）用事先炸好的蛋松，在整条龙身上造型 4 条龙爪。

（4）锅内倒油 150 克，将番茄酱 150 克炒香后，放入白糖、食盐、白醋、味精、鲜汤，勾汁淋至龙鱼身上，用红樱桃两颗做龙眼，用银丝粉做龙须，即成。

🎯 特点

造型美观，色泽红黄分明，外酥内嫩，甜酸爽口。

⚠ 注意

（1）切龙身注意剞花刀。

（2）下油锅时掌握好火候、时间，外酥、肉嫩。

（3）番茄酱不要炒得太清、太干。

（4）注意色泽分明。

酸菜鱼脑

味型

咸鲜、酸辣。

烹制方法

蒸。

原料

去皮去骨鲜鱼肉 300 克、蛋清 3 个、新繁泡菜 150 克、野山椒 10 粒（去把）、料酒 10 克、火腿粒 5 克、甜椒粒 5 克、青椒粒 5 克、食盐适量、香葱花 5 克、味精、鸡精、香油、鲜汤适量。

制作

(1) 用干净菜墩，将鲜鱼肉用刀片成片后，再用刀背捶成鱼蓉，成蓉后用纱布将鱼蓉过滤一下，去除鱼刺。

(2) 将鱼蓉放入大碗中，加入蛋清 3 个、料酒、食盐、鲜汤、味精，鲜汤逐步倒入，搅拌均匀。上笼蒸 25～30 分钟，起笼。

(3) 将泡菜、野山椒下锅，用微火煸香，加入火腿粒、甜椒粒、青椒粒、野山椒粒、野山椒汁水，加鲜汤 100 克，烧开后勾二流芡，淋香油、香葱花，即成。

特点

白嫩美观，味鲜可口，老年人最喜欢。

注意

(1) 鱼蓉不能有刺。

(2) 加入鲜汤要适量。

(3) 注意除去鱼蓉的腥味。

(4) 蒸出的鱼脑应老嫩适度。

火焰纸包虾

味型

咸鲜。

烹制方法

熘、烩。

原料

新鲜去皮草虾 300 克、冬笋片 70 克、大红甜椒 1 个、水发木耳 50 克、葱花 25 克、鸡蛋清 1 个、豌豆粉 50 克、番茄 1 个、泡海椒 2 根、大葱 1 根（切节）、生姜 10 克、蒜片 10 克、料酒 4 克、鸡油 20 克、高汤、味精、食盐适量、固体石蜡（切小颗）200 克、热盐 1000 克、锡纸 1 大张。

制作

(1) 将番茄、甜椒、冬笋切片，黄花切节，泡海椒、葱切成"马耳朵"，蒜、姜切片。

(2) 将去皮鲜虾用料酒、食盐、姜、葱码味 10 分钟左右，待用。

(3) 将码味的虾去姜、葱，倒上蛋清，和均匀，撒上豌豆粉，在 3 成油温内炸一下，捞起，待用。

(4) 锅内下油 100 克，烧至 4 成油温，将姜片、蒜片、葱节先在锅内煸一下，倒入冬笋、甜椒、木耳、泡海椒、番茄片，在锅里煸一下，放入已炸过的虾，再倒入鲜汤，吃好味，勾芡，起锅，待用。

(5) 将已烩好的虾包入锡纸内，封好口，放到准备好的盘中。

(6) 一人将切好的石蜡颗粒准备好，另

一人把炒热的盐放入锡纸外周边，将石蜡颗粒放在热盐上面，出菜时，用打火机点燃石蜡，上桌，即成。

⊛ **特点**

（1）增添筵席气氛。

（2）冬季应增加菜品保温时间。

⚠ **注意**

（1）注意火焰的安全。

（2）此菜应三人配合操作。

（3）保持锡纸不漏。

黄金野牛卷

✑ **味型**

咸鲜。

🖐 **烹制方法**

炸。

🍲 **原料**

牛肉臊子 150 克、威化纸 24 张、芹菜花 30 克、豌豆粉 150 克、面包糠半包、料酒 5 克、吉士粉 10 克、食盐、鸡精、味精、花椒面、白糖适量。

👨‍🍳 **制作**

（1）将芹菜花用盐码味，出水后放入牛肉臊，再放入吉士粉、鸡精、味精、白糖、花椒面、食盐调匀，待用。

（2）取威化纸对折后，放入牛肉臊馅心，卷成大小均匀的卷，待用。

（3）在豌豆粉中加入吉士粉、盐，用竹筷调好，将已卷好的牛肉卷放在豌豆粉里沾一层浆，再沾上一层面包糠，待用。

（4）锅内下油 1500 克，油温烧至 3 成，将沾好的牛肉卷放在锅内炸成淡黄色，起锅装盘，即成。

⊛ **特点**

颜色淡黄、外酥内糯、口感爽利。

⚠ **注意**

（1）此菜是粤菜，要掌握好调臊子的口感。

（2）注意卷的封口，避免下锅撒籽。

（3）掌握好炸的火候、油温。

（4）炸卷时，注意翻动以使卷的颜色均匀。

口蘑蝴蝶

✑ **味型**

咸鲜。

🖐 **烹制方法**

蒸、淋汁。

🍲 **原料**

大口蘑 12 个、鸡糁 150 克、西式火腿 400 克、蒜苗丝 10 克、红椒丝 10 克、红萝卜丝 5 克、茄子皮丝 8 克、银丝粉 24 节、黑芝麻 24 颗、西蓝花 400 克（雕鹰立体造型 1 个）。

👨‍🍳 **制作**

（1）将西式火腿用蝴蝶模具压 12 个蝴蝶，西式火腿作底。

（2）将大口蘑沥干水分，用刀顺切后，

摆成二对一的口蘑蝴蝶翅膀。放在
已刻好的西式火腿蝴蝶上。

（3）用餐刀做蝴蝶身，放在已做好的蝴
蝶翅的中间。

（4）用小夹子，将蒜苗丝、红椒丝、茄
子丝、红萝卜丝在蝴蝶身上牵摆成
四彩色蝴蝶身，用黑芝麻做眼睛。

（5）上笼蒸 5 分钟左右，出笼放入平锅
内，用小火煎熟，呈黄色。将蝴蝶
放在盘的周边，最后，用丝银丝粉
节做胡须。

（6）把已雕好的鹰放入蝴蝶盘中间。西

蓝花汆水后，摆在鹰的周边。

（7）锅内倒入鲜汤，调好味，勾芡，淋
在蝴蝶上面，即成。

❀ 特点

造型美观，很有创意。

⚠ 注意

（1）注意整体造型构思。

（2）口蘑翅膀要与鸡糁黏合。

（3）掌握好打糁要领。

（4）出菜时，要保持菜品热度。

（5）选用大小均匀的口蘑。

糯米鸭

✒ 味型

椒盐。

🤚 烹制方法

蒸、炸。

🍲 原料

卤鸭 1 只（700 克）、糯米（小）400
克、甜椒颗粒 80 克、熟青圆 60 克、熟
香菇（去把）80 克、豆豉颗粒 30 克、
豌豆粉 200 克、葱颗粒 6 克、花椒面 8
克，盐、鸡精、味精适量。

👨‍🍳 制作

（1）将卤鸭子除去整骨，只要连皮鸭
肉，大约 0.9 厘米厚，其他鸭瘦肉
不要，放入平盘，待用。

（2）糯米淘洗干净，加适量水，上笼蒸
熟，倒入盆内，放入青圆、甜椒、

香菇、豆豉、葱、花椒面、盐、鸡
精、味精（适量），和均匀。

（3）将平盘中的鸭肉抹上豌豆粉，将和
好的椒盐糯米，均匀地放在鸭肉上
面，用餐刀将整体均匀抹平，放上
葱花，上笼蒸 6 分钟左右，待用。

（4）锅内放油 2000 克，油温烧至 4 成，
将糯米鸭下锅，炸成淡黄色，起锅，
改刀成大一字条，装盘，即成。

❀ 特点

色彩美观、外酥内糯、咸鲜椒麻。

⚠ 注意

（1）掌握好蒸糯米的软硬。

（2）选味道好的鸭子。

（3）掌握好调糯米的咸淡。

（4）掌握好炸的火候。

一品竹荪

✐ 味型

咸鲜。

✋ 烹制方法

蒸、淋汁。

🍚 原料

鸡糁 200 克、水发竹荪 250 克、火腿片 50 克、熟肚片 100 克、舌、心片各 80 克、冬笋片 50 克、口蘑、香菇片各 60 克、午餐肉片 60 克、西蓝花 250 克（切一小朵）、红萝卜小球 12 个、酒料 10 克、姜片 15 克、葱节 10 克、鸡油 20 克、高汤 200 克，鸡精、味精、盐适量。

💬 制作

(1) 用干净新毛巾，将水发竹荪挤干水分，修切整齐。

(2) 用干净新布口袋，约 18 厘米长、12 厘米宽，口袋只缝 3 面，底面留一 0.9 厘米的小眼不缝，将鸡糁装入湿口袋，一人将鸡糁挤入竹荪筒内，另一人拿竹荪。待挤完后，上笼蒸 5 分钟左右，待用。

(3) 大碗内抹少许油，将竹荪切成约 4.2 厘米的条，在碗内定型。上面放火腿、午餐肉、肚片、舌片、心片、冬笋、口蘑、香菇，调好味，倒入汤，上笼蒸 25 分钟左右，待用。

(4) 将蒸好的一品竹荪翻在盘中，汁水倒入锅内，勾二流芡，起锅放入鸡油，淋在竹荪上面。

(5) 另一锅倒入鲜汤，烧开，将西蓝花、红萝卜小球余水后，捞出，摆在一品竹荪周边，即成。

⊛ 特点

颜色美观，引人注目，清淡爽口，富有营养。

⚠ 注意

(1) 掌握好打鸡糁的要领。

(2) 掌握好菜品咸淡。

(3) 此菜滋汁不宜太干，要适度。

日本口袋豆腐

✐ 味型

咸鲜。

✋ 烹制方法

炸、烧。

🍚 原料

豆腐糁 250 克、鲜鱿鱼花 200 克、熟肚片 120 克、熟舌片 120 克、熟菜心 250 克、硬枸杞 12 个、日本豆腐 2 筒、高级奶汤 600 克、蒜片 10 克、生姜片 15 克、大葱 10 克、鸡油 20 克，鸡精、味精、食盐适量。

💬 制作

(1) 豆腐糁用餐刀在手上作成长条（一头大，一头小）。用 3 成油温炸熟，待豆腐浮在油面上，捞起，倒入汤碗，待用。

(2) 日本豆腐切成 1.8 厘米高，5 成油温后放入，炸至淡黄色，捞出，摆在圆盘周边，豆腐中间安上几颗枸杞。

（3）锅内倒 100 克混合油，小火，待油温 3 成，放入葱、姜片打葱油，倒入奶汤，烧开后，放入肚片、舌片、心片、冬笋、番茄、菜心。用中火烧开，入味，勾清流芡，淋入鸡油，装盆。

（4）鱿鱼花开水下锅，汆去碱味。另外用鲜汤煨 1 分钟左右，捞出。盖在豆腐上面，即成。

⊗ **特点**

色彩美观，口感爽利，味道鲜美。

⚠ **注意**

（1）打豆腐糁要多用点鸡蛋清。

（2）豆腐糁要放入适量泡打粉。

（3）豆腐糁要放置 1 小时左右。

（4）下锅炸口袋豆腐时，掌握好油温。

（5）调制好菜品的咸淡。

虾球盏盒

✎ **味型**

茄汁味。

🥄 **烹制方法**

炸、淋汁。

🍲 **原料**

去壳鲜草虾 12 只、澄面 200 克、奶油 30 克、番茄酱 150 克、鲜汤 150 克、白糖 20 克，鸡精、味精、食盐、水豆粉、料酒适量，生姜 15 克、面包糠 150 克、豌豆粉 200 克。

🍳 **制作**

（1）澄面加入奶油，倒入开水，用小木棒将澄面揉匀。取小盏盒 12 个，刷油在盏内，用手在盏内做盏盒坯。

（2）做好 12 个盏盒，放入微波炉烤熟后，放在盘中造型。

（3）将 12 只虾仁码入味，从背部片一片，要相连不断，卷曲做成虾球，虾尾向上，待用。

（4）将虾球沾一层豌豆粉，再沾一层面包糠，待用。

（5）锅内倒入 1000 克油，油温烧至 4 成，将虾球下锅炸成淡黄色，放入盏盒内。

（6）锅内留油 100 克，将番茄酱炒香，调好味，倒入少量汤，起锅淋在虾球上面，即成。

⊗ **特点**

造型新颖，美观大方。

⚠ **注意**

（1）掌握好烤虾盏盒的火候和时间。

（2）掌握好番茄汁的干清、咸淡。

沙漠寻珍宝

✏️ **味型**

咸鲜。

🖐️ **烹制方法**

炸、蒸、炒。

🍲 **原料**

面包糠半包、酥花生粒 200 克、去皮熟芝麻 200 克、熟黑桃粒 150 克、膏蟹 2 只、基围虾 12 只、鹅胗花 200 克、熟鸡肾 12 个，鸡精、味精、盐适量，家常味碟 1 碟、椒盐味 1 碟（放另一盘中）。

👨‍🍳 **制作**

(1) 锅内倒油 25 克，用小火将面包糠炒香（微黄），倒入酥花生粒、芝麻，继续用小火炒香，再加入适量盐，待用。

(2) 膏蟹洗净，鸡肾煮熟去皮，鹅胗花、基围虾炸一下，捞出，待用。

(3) 锅内用小火把"沙漠"炒热后，将已炸好的鸡肾、虾、蟹、鹅胗花倒入"沙漠"中，在锅内炒 1 分钟左右，起锅，装盘。

(4) 将家常味炒出后，同椒盐味一起上席，即成。

🍥 **特点**

增添筵席构想，富有野外想象力。

⚠️ **注意**

(1) 掌握好炒"沙漠"的火候。

(2) 出菜时"沙漠"在上面。

(3) 掌握好"沙漠"造型。

女皇酥鸭

✏️ **味型**

椒盐、糖醋双味。

🖐️ **烹制方法**

炸。

🍲 **原料**

卤鸭肉丝 250 克、甜椒丝 50 克、青笋丝 50 克、冬笋丝 40 克、土豆丝 50 克、蛋清 5 个、面粉 80 克、银针红萝卜丝 200 克、银针青笋丝 250 克，盐、鸡精、味精适量，糖醋小碟一碟、椒盐小碟一碟，威化纸 2 张。

👨‍🍳 **制作**

(1) 锅内放油 50 克，用中火炒鸭丝、甜椒、青笋、冬笋、土豆丝，出锅后装盘待用。

(2) 把银针萝卜丝、银针青笋丝码盐，出水后，做成各 12 个小圆球，待用。

(3) 蛋清在盘中打成泡，直至能立竹筷为止，再撒上面粉，继续打 3 分钟，待用。

(4) 用餐刀将蛋清抹平，将鸭丝、甜椒、青笋、冬笋、土豆丝撒在蛋上面，用威化纸作底。

(5) 锅内下油 2000 克，油温至 3 成，将已做好的"女皇鸭"下锅，炸成淡黄色起锅，改刀一字条装盘，周边放上红萝卜球、青笋球，盘另一边放双味碟，即成。

🍥 **特点**

富有创新感，成菜颜色美观。

⚠ 注意

（1）掌握好铲蛋泡技术。

（2）下锅时油温绝不过高。

鱼饺

✏ 味型

咸鲜。

🍳 烹制方法

蒸、烩。

🍲 原料

大整鱼肉 500 克、鲜虾仁 200 克、冬笋颗粒 40 克、火腿颗粒 60 克、熟肥肉颗粒 40 克、熟鸡肉颗粒 120 克、韭黄头颗粒 30 克、小香葱花 10 克、生姜颗粒 8 克、盐、料酒、鸡精、味精、豌豆粉、鲜汤适量，鸡油 10 克、鸡蛋 2 个。

👨‍🍳 制作

（1）将鱼肉片切成 24 片，用小刀修切成圆片，作"饺皮"，码味后，待用。

（2）鲜虾仁、冬笋、火腿、熟肥肉颗粒、熟鸡肉颗粒、韭黄头、生姜、小香葱花混合一起，调好味，做馅心，待用。

（3）用手将鱼片包入馅心后，用豌豆粉封好口，在笼上蒸 8 分钟左右，取出，待用。

（4）锅内下混合油 100 克，油温烧至 4 成，下姜、葱，打"葱油"后，倒入鲜汤，烧开后，吃好味，下入"鱼饺"烧 1 分钟左右，勾入鸡油，起锅，装盘，即成。

🍥 特点

很有创意，口感爽利。

⚠ 注意

（1）掌握包"饺子"的封口。

（2）掌握好馅心的咸淡。

（3）起锅注意在盘中的造型。

芙蓉鲍鱼

✏ 味型

咸鲜。

🍳 烹制方法

蒸、烧。

🍲 原料

鲍鱼罐头 1 听、鸡蛋 4 个、瓢儿白 150 克、油、盐、味精、水豆粉、姜、葱、猪油、鸡油、胡椒面、料酒、高汤适量。

👨‍🍳 制作

（1）蛋清、蛋黄分开，分别加入适当的盐、水豆粉和高汤调制好。上笼蒸成鸡蛋白、鸡蛋黄，成嫩蛋后，倒入圆盘中。黄色蛋黄垫底，白色蛋白放上面。

（2）锅内下猪油，加姜、葱炒香后，倒入高汤，再下鲍鱼、盐、味精、胡椒面、料酒，小火煨熟后，勾芡，待用。

（3）瓢儿白汆一下，放适量猪油，使其保持绿色。起锅后，摆在圆盘的四周造型，再将鲍鱼摆在蒸好的蛋的上面，淋汁，即成。

⊗ 特点

造型美观大方、口感鲜嫩可口。

⚠ 注意

（1）掌握好蒸蛋的老嫩和咸淡。

（2）把握好烧鲍鱼的火候和口感。

（3）汆瓢儿白不要过久。

形鲍鱼

✏ 味型

椒麻。

🍲 烹制方法

蒸、淋汁。

🍱 原料

鸡糁 400 克、咸蛋黄 12 个、花椒（青花椒均可）35 克、葱叶 35 克、食盐、鸡精、味精、香油（调椒麻味用）、姜葱水 20 克（打糁用）、高汤 200 克。

🍳 制作

（1）将咸蛋黄 12 个上笼蒸熟，压成泥。做成 12 个（1 桌用）扁形饼（约 2.4 厘米），待用。

（2）将花椒、葱叶剁成蓉后，倒入高汤，用纱布过滤，放入炒锅，用小火烧开，成热椒麻味，调好味，勾成二流芡，倒入少许香油起锅，装入小碗，待用。

（3）小碟 12 个，将已调好的鸡糁用餐刀或调羹装入小碟，只装入碟的三分之二，用餐刀抹平，再将咸蛋黄小饼放入小碟中间，按一下。上笼蒸 8 分钟左右，起锅淋入已调好的椒麻味芡汁，即成。

⊗ 特点

有创意感，色泽分明，突出川味、椒麻味。

⚠ 注意

（1）掌握好打糁的老嫩。

（2）调制好鸡糁咸淡。

（3）做好的咸蛋饼不能散。

（4）打鸡糁比例：55% 鸡净瘦肉，45% 的肥肉蓉，另加蛋清、少量水和水豆粉。

百花鸳鸯饺

✏ 味型

咸鲜。

🍲 烹制方法

蒸、淋汁。

🍱 原料

香菌饺 12 个、蛋皮饺 12 个、熟猪肚片 100 克、熟舌片 100 克、熟心片 100 克、西式火腿 50 克、口蘑 50 克、鸡腿菇 50 克、冬笋片 50 克、去皮冬瓜 1250 克、鸡糁 200 克、鸡油 5 克、青皮黄瓜丝 15 克、甜椒丝 5 克、青蒜苗丝 10 克、香菜尖 3 克、发菜 0.03 克、料酒 5 克、鲜汤 200 克，水豆粉、盐、鸡精、味精适量。

制作

（1）将"鸳鸯饺"在大碗内叉色摆好，再放熟猪肚、舌、心、口蘑、鸡腿菇、西式火腿、冬笋做垫底，扣碗。倒入鲜汤，调好味，上笼蒸 30 分钟左右，待用。

（2）冬瓜修成长 1.35 厘米、宽 0.75 厘米、厚 0.45 厘米的扇型冬瓜块 12 个。

（3）将扇型冬瓜雕深 6 厘米左右，周边留 3 厘米不雕，在锅内用高汤汆一下，捞起抹干水分，用餐刀将鸡糁抹入冬瓜内，抹平。用小夹子将各种丝、香菜尖，牵成不同百花，上笼蒸 5 分钟左右，起笼，摆在"鸳鸯饺"周边。

（4）锅内倒入"鸳鸯饺"碗内汁，勾入玻璃二流芡，淋入鸡油，即成。

特点

造型美观，咸鲜可口。

注意

（1）包"鸳鸯饺"时封好口。

（2）掌握好蒸的粑度和口感。

（3）保持百花的色和熟度。

香菌『活蟹』

味型

咸鲜。

烹制方法

蒸、清汤、打糁。

原料

水发香菇 350 克、清汤 1250 克、鸡糁 100 克、蜇皮 250 克、嫩豆尖 50 克、小番茄 1 个、相思豆 24 颗。

制作

（1）用剪刀剪水发香菇"蟹足"12 对、"蟹壳"12 个。用干纱布滤干水分，蜇皮泡去盐味，攥干水分，剪成"蟹肚"，待用。

（2）用餐刀将鸡糁抹在蜇皮上，将已剪成的"蟹"足摆成"活蟹"，最后，安上相思豆做眼睛。

（3）将"活蟹"上笼蒸 5 分钟，起笼后摆在大盘中。

（4）嫩豆尖、小番茄改刀后，放在装"活蟹"的盘中。

（5）清汤烧开，调好味，倒入盘中，出菜时造好型，即成。

特点

造型美观，营养丰富，咸鲜清爽。

注意

（1）特级清汤要澄清好。

（2）鸡糁要打好。

（3）注意造好型。

金钩瓜雕

✎ 味型
咸鲜。

🍳 烹制方法
烧、淋汁。

🍲 原料
去皮冬瓜 200 克、枸杞 16 个（硬一点）、天然造型好金钩 64 个、高级清汤 100 克、水豆粉、鸡精、味精、盐、适量。

👨‍🍳 制作
（1）冬瓜切成 10 厘米见方的块 16 个，再雕成瓜雕，入鲜汤氽煮。

（2）选用金钩、枸杞拼摆在瓜雕上。

（3）上笼蒸 5 分钟左右，装盘淋入玻璃二流芡，即成。

✤ 特点
美观清淡，咸鲜可口。

⚠ 注意
（1）金钩、枸杞成菜后，保持不能落。

（2）成菜后，保持冬瓜表面有绿色。

（3）注意成菜后，把的程度。

豆腐饺子

✎ 味型
咸鲜。

🍳 烹制方法
蒸、炸、烩。

🍲 原料
豆腐糁 300 克、熟鸡肉粒 200 克、火腿粒 80 克、口蘑粒 60 克、冬笋粒 30 克、韭黄头粒 30 克、熟肥肉粒 40 克、生姜粒 8 克、小香葱花 5 克、食盐、胡椒面、鸡精、味精、水豆粉、鲜汤、料酒适量。

👨‍🍳 制作
（1）选用干净纱布，用于制作豆腐饺子皮。

（2）熟鸡肉粒、火腿粒、口蘑粒、冬笋粒、韭黄粒、熟肥肉粒、生姜、小香葱、食盐、料酒、鸡精、味精、胡椒面，混合一起调成"豆腐饺子"馅料，待用。

（3）用餐刀将豆腐糁抹在纱布上，制作"饺子皮"，把馅心放在"饺子皮"上对折，包完后，上笼蒸 5 分钟左右，出笼待用。

（4）锅内下油 800 克，油温烧至 5 成，将饺子用中火炸至黄色，捞起，待用。

（5）锅内留少许混合油，油温烧至 4 成，放入姜、葱炒香后，倒入鲜汤烧开，捞出姜、葱，放入饺子烧 2 分钟左右，调味，勾芡，起锅，装盘即成。

✤ 特点
有创意、口感爽利。

⚠ 注意
（1）掌握好打豆腐糁的要领。

（2）掌握好调馅心的口感。

（3）注意炸饺子的火候、油温。

（4）注意装盘手法。

葵花豆腐

味型

咸香。

烹制方法

糁。

原料

豆腐、鸡胸肉、猪肥肉、老黄蛋糕、鸡蛋、黄瓜、柠檬、甜椒、黑芝麻、猪油、葱油、盐、味精、生粉、料酒。

制作

(1) 鸡胸肉捶成蓉，豆腐压成泥，鸡蛋搅均匀，摊成蛋皮，黄瓜切片，柠檬切半圆片，甜椒切小菱形。

(2) 老黄蛋糕蒸熟后，用模具刻成葵花瓣，待用。

(3) 鸡蓉和豆腐泥中加盐、蛋清、生粉、猪肥肉蓉、料酒、味精，搅匀打成豆腐糁，装入圆盘内，用餐刀抹平，成葵花形，老黄蛋糕片做葵花的花边，蛋皮拉成细丝，摆在豆腐糁上成网状，黑芝麻做向日葵籽，入笼蒸熟，取出。

(4) 将黄瓜片立摆在蒸好的豆腐四周，柠檬平摆在黄瓜片外，在每两个柠檬片相连的地方点缀上红椒片。

(5) 以葱油、盐、味精、水豆粉勾成鲜汁，淋在葵花上，即可。

特点

造型似葵花，清淡可口。

香菇包

味型

鱼香。

烹制方法

炸。

原料

鲜香菇（大而均匀）14个、猪肉末200克、鸡蛋1个、冬笋粒50克、油、生粉、姜米4克、蒜米5克、葱花2克、泡椒末50克、盐、味精、胡椒粉、料酒、鲜汤、白糖、酱油、醋适量、牙签1小包。

制作

(1) 将鲜香菇内面片平整，入沸水汆一下，捞出沥干水分，猪肉末加鸡蛋、盐、胡椒、料酒、姜米、葱花，制作成馅心。鸡蛋加生粉，调成全蛋糊，待用。

(2) 将香菇片逐一包入肉馅，对折，再放入蛋糊中裹一下，用牙签锁好边，入油锅炸熟，捞出，置盘中。在盘中取出牙签，造型成香菇包。

(3) 锅内留油少许，下泡椒末、姜蒜米炒香，加鲜汤，调入盐、白糖、酱油、胡椒、料酒，勾水豆粉，加味精、葱花、醋，制成鱼香汁，淋在香菇包上，即可。

特点

滋香鲜嫩，鱼香味浓。

⚠ 注意

(1) 选用大小均匀的大香菇。

(2) 下锅汆香菇时间不能太久。

(3) 炸时不能爆开脱落。

(4) 掌握好鱼香味的汁水。

琵琶虾球

✒️ **味型**

咸鲜、茄汁味。

🖐️ **烹制方法**

蒸、熘、炸。

🍲 **原料**

大草虾 500 克、鸡胸肉 200 克、鸡蛋 3 个、面条 200 克、黄瓜 1 根、胡萝卜 1 节、青椒 1 个、西蓝花 200 克、瓢儿白心 150 克、油、葱油、猪油、生粉、吉士粉、白糖、盐、味精、胡椒、料酒、姜、葱、番茄酱。

👨‍🍳 **制作**

（1）将虾去壳，从背部片一刀（相连不断），用盐、胡椒、料酒、姜、葱腌制。片制鸡胸肉，去筋剁蓉。胡萝卜、青椒，切细丝，黄瓜切片。

（2）将面条入沸水稍煮一下，捞出，滤去水分，加吉士粉拌匀，入漏碗内，摆成雀巢形，入油锅炸至定形，捞出放入圆盘中，巢内垫上锡纸。

（3）鸡蓉加蛋清、猪油、生粉、盐、味精、料酒制作成糁，用小调羹定形成琵琶形。用青椒丝、胡萝卜丝、黄瓜片，点缀成琵琶弦。以虾尾插于琴上成琴头。入笼蒸熟，取出，放在雀巢四周。每两个琵琶中间镶一颗用沸水氽过的瓢儿白，西蓝花切小入沸水氽后，摆在雀巢底周围。

（4）虾去姜、葱，滤干水分，用生粉、鸡蛋清码后，入油锅滑一下，捞出。锅留油少许，下番茄酱炒香，上色，加少量高汤、盐、胡椒、料酒、白糖，下虾球，勾芡汁，淋于雀巢内。

（5）用葱油、水、盐、味精、水豆粉，勾成咸鲜汁，淋于琵琶上，即可。

🏵️ **特点**

造型美观大方，两种味型，鲜美可口。

第四节　主题筵席设计

一、川味筵席的格式

1. 凉菜

凉菜格式有多种，如彩盘、大拼盘、单碟、对镶、六围碟、七围碟、八围碟、九色攒盒等。

2. 热菜

热菜是正菜。由 8~9 道大菜组成。应按上菜顺序排列。第一道，头菜（包括海鲜、野味）；第二道，烤、炸菜，一般配点心、葱酱；第三道，二汤类，也可配点心（小吃）；第四道，灵活安排的菜，一般是鱼类菜；第五道，灵活安排的菜,如海鲜、鸡、鸭、兔、牛肉、猪肉均可;第六道,素菜,一般是时鲜蔬菜,素烩、素烧均可;第七道,甜菜、甜羹、甜泥、蒸品、烙品、酥品、炸品。一般要配甜点心(小吃);第八道:座汤,蒸、炖、煮的鸡、鸭、牛肉汤、猪肉汤或火锅类,也有配点心(小吃)。

一般筵席配1~4个地方特色风味小吃。配小吃的规矩:"咸配咸""甜配甜""硬配软""软配硬"。如小吃是咸味的,配菜时就配咸味菜;小吃是甜味的,配菜时就配甜味菜;小吃是软的"有汤"之类的,就配有炸、酥品、烙品的菜品上去;小吃是"硬"的,就配"汤水"之类菜品。

3. 随饭菜

一般筵席有2~4个随饭菜。一般有一荤、一俏荤,或者一荤一素、二荤二素、素菜均可。

4. 水果

以往筵席安排饭后食用时令水果,现代筵席常将水果走在开筵前,让食客先品尝水果。

二、现代筵席的设计

1. 关于现代筵席

传统筵席格式是前人筵席设计、制作的经验总结,做好现代筵席设计,需要认真学好传统筵席设计的格式、配菜原则,并结合现代消费特点,做出适当调整。

现代筵席有国宴、高端公务宴请、商务宴请、各类酒席(婚宴、寿宴、升学宴、乔迁宴)等。不同的筵席设计有不同的要求。一般来说,越是高档筵席,越强调礼仪。礼仪包括

宴会主题、主宾喜好、座次安排、菜式设计搭配、基本风味、上菜顺序等。通过具体环节,表现筵席档次和主题。

2. 现代筵席的格式及配菜原则

(1)冷菜。现代凉菜多以单碟为主,很少用传统对镶,一般为单碟、荤素搭配,有时配卤水拼盘、刺身拼盘等。

一般冷菜先上桌,是给顾客的第一印象,体现筵席档次,所以特别强调冷菜的刀功、造型、色彩搭配,烹饪方法多样,又色、又味、又形、干净、利爽、特色鲜明。

(2)热菜。传统筵席的四大柱,在现代筵席演变为主菜,也就是筵席主题菜品,一般是4~6个,如果一桌的人比较多,也会安排7~8个。现代筵席主菜是整个筵席的气场和热点。因此,要求质量高,特色突出,设计大气,相互衬托,进而提升台面整体效果。一般从以下8个方面入手。

(3)选料。一般来说,原料越珍稀越贵,筵席档次越高。所以,现代高档筵席常选海鲜、人工养殖野生动物等为主菜原料。

(4)造型。传统筵席会选择全鸡、全鸭、全鱼等,取其丰盛的效果。现代筵席有些还保留,如全鱼。但是多数采用造型、点缀等手法,实现整体效果。

(5)烹饪方法。筵席越高档,采取的烹饪方法技术性越强。现在许多高档筵席菜品用常见的烧、炖、炒、蒸等技术含量低的方法,很难体现菜品档次。如果采取现在很少有人掌握的濛、贴、糁等方法,就会大大提高档次和效果。

(6)器皿。现在器皿设计发展很快,根据不同的筵席,可选择不同风格的器皿,器皿不

仅要大气，还要相互映衬、有变化。

（7）"每人每"。现代高档筵席为体现人文关怀，常采用"每人每"上菜方式，一般局限便于分餐的菜品。如捞饭、鸡豆花、开水白菜等。注意避免过多的"每人每"，影响台面的整体效果。

（8）小吃。现代筵席一般配二道小吃。两道小吃的烹饪方法、风味要有变化。一般是一甜一咸、一炸一蒸。随着现代消费变化，也有烘焙西点，如蛋挞；中西合璧点心，如拿破仑蒸糕（将西点拿破仑和传统蒸糕合二为一）等作为席间小吃。

小吃是席间点缀，又起着调节风味的作用，一般在筵席半中、靠后时上桌。

（9）汤品。汤品要根据筵席的主菜设计，一般来说，主菜荤菜多时，汤品应尽量清新、淡雅。如是酒席（相互敬酒多），可考虑解酒风味的汤品。

（10）水果。水果相当是筵席收尾的信号，应把握好上果盘的时间，一般不应过早地上果盘。高档筵席也会采取"每人每"的形式上水果。

3. 现代筵席设计注意事项

（1）传统筵席包含深厚的中华饮食文化，甚至包括了人们对生活、社会的认识。所以，做好现代筵席设计必须学好传统筵席设计，娴熟把握传统筵席设计原则。有了扎实的传统筵席功底，才能结合现代社会消费特点，融合现代风味演变，设计好现代筵席。

（2）现代筵席更突出筵席的礼仪性，所以，要综合考虑客人各方面的需求，才能设计好筵席。如宴会的主宾、宴会的主题、订餐的标准以及宴请人希望达到的效果等，可设计成高大上、极具传统文化特色、具有地方饮食文

化特点等。

（3）菜式设计创新与时代感。当前，传统菜式创新很多，如宫保虾球等。还有融入日本料理、西餐、烘焙等元素的菜式创新，有时会给人耳目一新的感觉。但菜品创新一定是在把握烹饪基本功的基础上，如果没有烹饪功底将新元素融入菜品，菜品创新就成了简单的形式。

（4）现代筵席更强调现代风味和色彩搭配。如现在筵席里融入烧烤味，强调菜品的色彩冲击力等。

4. 关于防止筵席浪费的思考

（1）预先充分沟通。防止筵席浪费，一定要预先根据筵席档次、宾客的身份、筵席的主题，设计好配菜。给客人留有进退空间。如在高档筵席中，预先考虑备用菜品，根据顾客就餐情况，再决定是否上菜。这样可在一定程度上避免浪费。

（2）防止筵席浪费（光盘行动）最大的阻力是顾客的"面子"。让顾客感觉有"面子"，是做好光盘的关键。可考虑以下环节。

①主动打包。根据顾客就餐情况，在顾客即将离席前，提示顾客主动打包。顾客如有异议，应解释：落实防止餐饮浪费是国家规定，餐厅提供免费打包服务。

②打包要美观。尽量使用餐盒打包，保持菜品的美观。多余的汤汁尽量不倒上去，使菜品看上去清爽、干净。最后用纸提袋装好，美观大方。

③餐厅服务员负责提打包袋，送客人出店门或送到顾客汽车边，再将打包袋交给客人，避免顾客在店内手提打包袋。

吴奇安大师配菜案例一见表。

吴奇安大师配菜展示案例一

编号	菜名	编号	菜名
1	脆皮鸭血	6	糖醋排骨
2	牡丹萝卜	7	双味相思牛肉
3	芋儿烧鸡	8	五香麻辣熏排骨
4	三色土豆圆子	9	麻丸肉
5	五香皮冻		

三、筵席的配菜

1. 配菜原则

筵席的格式是形式，配菜是内容。配菜就是开筵席单。开筵席单不是几个菜的简单拼凑，是有原则、有技术、有艺术性的。配菜原则就是编制筵席单应遵守的规则和标准。无论设计高档、中档还是大众筵席，都要按照这些原则来组合菜点。

（1）根据食客的年龄、食欲、个人（特指主宾）的饮食爱好灵活配菜，因人配菜。

（2）根据季节配菜。一般季节不同，人的口味偏好也不同。一般春夏季节偏重于清淡；秋冬季节偏重于浓厚；按时令精选原料，多配正当时令的新鲜蔬菜，鲜活的鸡、鸭、鱼、虾等。编制筵席单时要事先与采购人员沟通，选择质优、鲜嫩的动植物原料制作菜肴，才能保证筵席成功。

吴奇安大师配菜案例二见表。

吴奇安大师配菜展示案例二

编号	菜名	编号	菜名
1	锅贴虾塔	11	金鱼皮蛋
2	干锅麻辣鸭掌	12	四味鸡丝
3	贵妃鸡	13	粉蒸牛肉
4	红油土鸡块	14	松茸鲍鱼
5	刺身海鲜六样	15	有头有面
6	麻辣牛肉干	16	鱼香麒麟茄子
7	怪味腰果	17	鱿鱼什锦
8	酸辣凉拌蹄花	18	豆芽番茄丸子汤
9	花椒兔块	19	麻婆豆腐
10	麻辣鸡片	20	雪花鸡淖

2. 川味筵席组合六句口诀

（1）口味：咸、甜、酸、麻、辣。

（2）质地：酥、脆、软、粑、嫩。

（3）形状：丝、条、丁、片、块、整（全

鸡、全鸭、全鱼）。

（4）色彩：红、黄、青、白、绿。

（5）烹制方法：烧、烩、蒸、熘、氽、炸、炒、烤，以及高级筵席的糁、濛、贴、酿等。

（6）原料：鸡、鸭、鱼、猪、牛、羊或其他粤菜海鲜及原材料，以及时鲜蔬菜等。

以上六句口诀是说筵席菜肴要富于变化。无论原料、口味、烹制方法、形状、色、器具等都不可重复，使食者产生美感、促进食欲，获得宾主喜爱，筵席才会成功。

3. 注意菜肴营养搭配

现在生活条件好了，吃饭的目的是从食物中获得七种营养素：蛋白质、脂肪、糖类、矿物质、维生素、水、膳食纤维。通过消化、吸收、新陈代谢，补充人体所需的营养和能量，保证身体健康。防止只注意菜肴的调味、美观，增添食品添加剂，而忽视合理营养和平衡膳食的原则。

4. 合理实惠

应不尚奢华，不争奇异，华而不实，不奢侈浪费。能从实惠出发编制出好的筵席单，才是最好的厨师。

5. 清鲜为主，浓淡相宜

川味的特点之一，就是以鲜醇浓并重，清鲜为主，所以广受食客喜爱。许多高档筵席，满桌生鲜以清淡为宜，很少用重油大荤。

6. 突出地域特点和优势

在设计筵席单时，首先应考虑利用本地名特产品，本菜系的名菜、名点、本餐厅的招牌菜、本店厨师的拿手菜。必须发挥优势，各用所长，才能使宾主品尝到与众不同的美味佳肴，才能使宾客称心满意。

7. 以酒为纲，调和口味

现代的筵席离不开酒。按四川民俗，举办筵席称为"办酒席"；祝寿称为"办寿酒"；结婚称为"办婚酒"；请客办筵席称为"请客喝酒"；赴宴称为"吃酒席"。总之，离不开一个酒字，真是无酒不成席。宾主都要互相祝酒。祝酒是一种礼节，酒在筵席上不仅可以助兴添欢，而且是喜庆、热闹、文明的表现。所以，编制筵席单必须根据这特点，以酒为纲，配一些佐酒菜肴和开胃、醒酒的菜肴。

8. 因人配菜，因时配菜

筵席配菜，必须根据宾客（特别是主宾）的国籍、民族、宗教、职业，编制筵席单。

四、筵席的实施

编制筵席单除掌握以上原则外，实施时要注意其他 3 个方面。

1. 上菜顺序

实施筵席时要注意安排好各个菜肴的排列顺序。上菜原则：咸者宜先，淡者宜后；浓者宜先，薄者宜后；无汤者宜先，有汤者宜后。现在又总结了 3 个规律：咸者宜先，甜者宜后；荤者宜先，素者宜后；同时，注意上菜的又色，又味，又形，又烹制方法。川味的筵席格式基本也是按照这个原则组成的。

2. 立好柱子菜

所谓柱子菜，就是筵席必须具备的菜肴。没有这几根"柱子"，筵席就不成为筵席。传统上筵席的"四大柱"是头菜、二汤、甜菜、座汤。因为这四个菜是现行流行筵席固定的菜式。至于鸭子、鱼是热荤菜中灵活掌握的菜肴，可有，也可无。编制筵席单，首先要定的是头菜，次定座汤，再定甜菜和二汤。四个"柱子菜"立好了，再按头菜规格标准配上几个"行菜"，就确定了筵席正菜部分的菜肴。

3. 按筵席价格配菜

筵席分高档、中档、大众三等；价格高低不同，高可达上千、上万元，大众可达四、五百元。当然配菜的品种、质量要求、数量就有区别。怎样才能做到质价相称、按价配菜，首先要按筵席档次做如下划分。

筵席档次划分

档次	凉菜	热菜	小吃点心	随饭菜	水果
高档筵席	20%	65%	5%	5%	5%
中档筵席	15%	75%	5%	3%	2%
大众筵席	10%	80%	4%	4%	2%

注　根据吴奇安大师教学资料 2012 年 10 月 8 日整理完成。

4. 年销售超千吨的川味典范

（1）菜名：酥脆锅巴土豆。

（2）味型：酸、甜、辣。

（3）烹制方法：炸。

（4）原料：土豆 250 克，味精 5 克，盐 25克，预裹粉 100 克（实用 20 克），裹浆粉 100克（实用 20 克），糖醋酱 25 克，香辣料 5 克，大豆油 1000 克（实用 50 克），芝麻少许，葱花少许。

（5）制作。

①将土豆去皮（除去芽口及带黑点部分），再用波纹刀一分为四瓣（大土豆一分六瓣），再用波纹刀改刀为 2~2.5 厘米的滚刀块备用。

②将 100 克裹浆粉加 130 克冰水调成糊状备用。

③锅中加 1000 克水烧开加入盐、味精，下入土豆块煮 6~7 分钟，捞起控去水分。倒入预裹粉中，均匀裹上粉面，再将裹了预裹粉的土豆块放入用裹浆粉调好的糊中，均匀裹上面糊备用。

④将 1000 克油倒入锅中，油温烧至 6 成（180 摄氏度）。下入裹上面糊的土豆块浸炸 5~6 分钟，炸至表面酥脆，呈橘黄色捞出，控干油备用。

⑤在炸土豆块时，另取一个拌菜器具（耐高温），先放香辣料，舀入 15 克炸土豆的热油淋在香辣料上拌匀，再下糖醋酱一起搅拌 1 分钟左右，使其成糊状即成糖醋辣酱。

⑥将控干油的土豆块倒入糖醋辣酱中拌匀，撒入芝麻、葱花，装盘即成。

（6）注意。

①土豆要煮透。

②裹粉不能过厚。

③浸炸时要掌握好油温、火候。油温变动

不能太大，保持恒温状态最好。

④一定要将炝油辣料与糖醋酱搅拌成糊状。

（7）特点：色泽红亮，口感酥脆，甜酸微辣。

以上由四川省七叔公食品有限公司提供。

第五节　配菜的重要性和一般原则

一、配菜的定义

配菜就是根据菜肴的质量要求，把各种加工成形的原料，加以适当配合，使其可烹制出一个完整的菜肴，或配合成可直接食用的菜肴。

二、配菜的一般原则

1. 量的配合

以一种原料为主料的菜肴，主料应多于辅料。以几种原料为主料的菜肴，各种原料要基本相等。单一原料构成的菜肴，即按规定量配。

2. 色调搭配

色调搭配方式包括顺色配（主、辅料颜色相近）、花色配（多种颜色的主、辅料搭配）。

关于菜品色彩，传统专业术语表达包括：白色称"芙蓉"；绿色称"翡翠"；红色称"珊瑚"；有两种颜色的菜品称"鸳鸯"。

3. 香和味的搭配

以主料的香味为主，辅料适当衬托主料香味，使主料的香味更突出；以辅料香味补主料的不足；主料香味过浓或过于油腻，应搭配使用清淡的辅料、适量蔬菜一起烹制，使其味更为鲜香。

4. 形的搭配

丁配丁，片配片，丝配丝，块配块。

5. 质地配合

荤配素，脆配脆，软配软；质地不同的原料搭配，要掌握好下锅的先后和时间。

6. 器皿搭配

器皿大小要和菜品分量相适应；器皿形态要与菜品造型相统一；器皿色彩要与菜品色彩相协调；器皿价值要与菜品价值相称。如有条件，筵席菜肴应使用成套餐具。

吴奇安大师配菜案例三见表。

吴奇安大师配菜展示案例三

编号	菜名	编号	菜名
1	桃仁挂玉牌	6	松鼠桂鱼
2	怪味桃仁	7	清汤濛竹荪
3	珊瑚孔雀卷	8	金丝大虾
4	虎皮酸辣鸡足	9	火焰焗大虾
5	蒜蓉白肉	10	金沙鸭子

编号	菜名	编号	菜名
11	鱼香兔花	16	口水鸡
12	酱香麒麟茄	17	糖醋珊瑚卷
13	酸汤鱼豆花	18	贵妃醉鸡
14	太白鸡翅	19	五香熏兔
15	酸辣蹄花	20	太白鸡

三、菜品案例

1. 冲浪脆米虾球

（1）菜系：融合菜。

（2）适宜人群：老少皆宜。

（3）菜品特色：立即食用米香味十足、酥脆可口、鲜香浓郁，放置5分钟后，大米吸收了大量的汤汁而饱满，此时食用则糯香鲜甜、粥香四溢。

（4）营养价值：炒过的脆米有收敛、健脾健胃和止泻等功效；虾仁含有丰富的蛋白质，同时富含锌、碘和硒，热量和脂肪较低，有益心血管健康。

2. 缙云醉鸡

（1）菜系：传统菜。

（2）菜品历史渊源：相传当初轩辕黄帝巡视到巴山，见天色已晚，便打算在缙云氏家歇脚，听闻黄帝大驾光临，缙云氏便杀了自家的土鸡招待贵人，在烧鸡的过程中，缙云氏错把米酒当成调料放入了锅中，谁知米酒的酒香和鸡肉的肉香交相辉映，人为造成的清香赋予食物新的生命，米酒烧鸡别有风味，于是便有了"缙云醉鸡"这一名菜。

（3）菜品特色：咸鲜微辣、软糯回甜。

（4）营养价值：公鸡肉中含有丰富的氨基酸、蛋白质和微量元素，脂肪含量较低，常食可以补血益气、强身健体、补肾精，是国人日常比较喜欢的高蛋白质肉类制品。

3. 备注

以上菜品为重庆盛和天香苑酒店管理有限公司研发中心提供。

吴奇安大师菜案例四见表。

吴奇安大师配菜展示案例四

编号	菜名	编号	菜名
1	七彩蛋松	4	鸭肉狮子头
2	富贵鲜花鱼片	5	香辣鸭肉烧白
3	百鱼戏牡丹	6	鱼香肉丝

编号	菜名	编号	菜名
7	宫保肉花	14	金钩瓜烹
8	金丝大虾	15	口袋鱼
9	凉粉烧鲍鱼	16	缠丝肉糕
10	咸烧白	17	锅贴口蘑蝴蝶
11	蒜蓉龙虾	18	焙锅鲤鱼
12	牡丹鱼片	19	富贵鸳鸯饺
13	金沙鸭子	20	芙蓉鸡片

第六节 经典筵席单

一、宴会菜单

（1）七凉碟：三黄鸡丝、三丝菜卷、凉粉鸭肠、腰果西芹、姜汁豇豆、葱酥鱼条、夫妻肺片。

（2）彩盘：喜庆金鱼闹莲。

（3）八热菜：双味脆皮乳猪、碧绿嘉州鸡、香菇菜心、纸包鸭粒鱼卷、山椒溜仔兔、银杏鸭舌、日本豆腐、鱼香三文鱼。

（4）座汤：西湖牛肉羹。

（5）随饭菜：松仁玉米、甜椒白菜。

（6）小吃：玫瑰苕饼、椰香糯米粑、口蘑蒸饺、玉鹅戏水、醉豆花、锅贴小包。

（7）水果：什锦果盘。

（8）饮料：矿泉水、椰奶、红牛、健力宝、雪碧。

二、开业致喜菜单

（1）看台：百鸟迎宾。

（2）中盘：孔雀耳片。

（3）围碟：杏脯牛肉、口水鸡、葱酥鱼条、芥末肚丁、蒜泥腰花、三色青豆、椒盐鱼脆、葱油西芹。

（4）热菜：百花足鱼、叫花排骨、天亦鱼镶碗、啤酒牛肉、雀巢鲜白玉、天亦回锅肉、青椒桂鱼片、植物四宝。

（5）座汤：竹筒竹荪鸭。

（6）随饭菜：炝炒牛肝菌。

（7）小吃：窝窝头、朝霞映玉鹅、缠丝牛肉饼、鲜虾饼、椰汁西米露。

（8）水果：什锦果拼。

三、全鱼筵分档次系列菜单1

（1）凉菜：椒盐鱼鳞、红油鱼片、怪味鱼骨、爽口萝卜、糖醋蜇皮、姜汁豇豆。

（2）热菜：菠饺鱼头、土司鱼排、三鲜鱼羹、回锅鱼、山椒烧鱼蛋、金骨鱼、火爆鱼杂、清蒸全鱼。

（3）座汤：酸汤鱼片。

（4）随饭菜：3道。

（5）小吃：船家叶儿粑、蕨粉。

（6）水果：1道。

四、全鱼筵分档次系列菜单2

（1）凉菜：麻辣鱼鳞、椒盐小虾、鱼香花仁、麻酱鱼骨、脆萝卜、果汁瓜条。

（2）热菜：鱼香碗、芝麻鱼丸、香辣豆花鱼、沸腾鱼、糖醋瓦块鱼、麻辣鱼仔蛋、番茄鱼、豉汁蒸全鱼。

（3）座汤：砂锅鱼头。

（4）随饭菜：3道。

（5）小吃：八宝面发糕、川北凉粉。

五、全鱼筵分档次系列菜单3

（1）凉菜：麻辣鱼骨、葱酥小鲫鱼、椒盐带鱼条、花椒鱼丁、姜汁菠菜、麻酱凤尾。

（2）热菜：开门红、花仁鱼排、酸菜鱼、麻辣锅巴鱼片（创新）、豆腐烧鱼头、回锅鱼、酸辣鱼豆花（鱼蓉）、脆皮全鱼（创新）。

（3）座汤：三鲜鱼丸汤。

（4）随饭菜：3道。

（5）小吃：鲜鱼肉小包、菊花卷。

（6）水果：1道。

六、全鱼筵分档次系列菜单4

（1）凉菜：麻辣小鳅鱼、泡椒鱼条、五香熏带鱼、怪味鱼骨、果汁瓜条、糖醋三丝。

（2）热菜：三鲜头碗、花仁鱼排、家常鱼仔蛋、双耳熘鱼片、水煮鱼、芹菜炒鱼杂、麻辣脆皮鱼（创新）、鱼米之乡窝窝头。

（3）座汤：砂锅鱼头汤。

（4）随饭菜：3道。

（5）小吃：珍珠丸子、红油水饺。

（6）随饭菜：3道。

（7）水果：1道。

七、全鱼筵分档次系列菜单5

（1）凉菜：麻辣葡萄鱼、果汁鱼条、椒盐河虾、泡椒鲫鱼、鱼香激胡豆、葱油瓜条。

（2）热菜：凤翅足鱼、桃仁鱼排、纸包鱼饺、鱼米之乡窝窝头、麻辣脆皮鱼（创新）、风沙鱼烧白（创新）、响铃鱼片、三色鱼淖。

（3）座汤：酸菜鱼丸汤。

（4）随饭菜：榨菜肉丝、炝炒素菜、拌三丝。

（5）小吃：三鲜鱼肉包、川北凉粉、八宝白蜂糕。

（6）水果：1道。

八、全鱼筵分档次系列菜单6

（1）凉菜：花椒鳝段、怪味鱼丝、椒盐带鱼、芥菜鱼片、麻辣脆笋、爽口萝卜。

（2）热菜：金丝沙拉大虾、金汁鱼头碗、荷香鲫鱼、豉汁清蒸鱼（撬壳鱼）、酸辣鱼豆花（创新）、芽菜鱼粒卷、风沙鱼烧白（创新）、锅巴麻辣鱼片（创新）。

（3）座汤：什锦鱼羹汤。

（4）随饭菜：干煸四季豆、青椒土豆丝、

麻婆豆腐。

（5）小吃：玻璃鱼烧麦、南瓜饼、醉豆花。

（6）水果：1道。

九、全鱼筵分档次系列菜单7

（1）凉菜：麻辣葡萄鱼、陈皮鳅鱼、泡椒鱼条、三丝鱼卷、麻酱鱼丁、金钩玉牌、果汁瓜条、爽口萝卜。

（2）热菜：豉汁江团、腰果鱼排、纸包孜然鱼、芙蓉鱼片（创新）、家常龙鱼（创新）、山椒烧鱼头、干烧桂鱼、风沙鱼烧白（创新）。

（3）座汤：奶汤竹荪鱼丸。

（4）随饭菜：水煮鱼、干煸苦瓜、麻婆豆腐。

（5）小吃：像生梨、鱼汁锅饺、船家叶儿糕。

（6）水果：1道。

十、全鱼筵分档次系列菜单8

（1）凉菜：麻酱鱼卷、果汁鱼条、葱酥小鲫鱼、五香熏带鱼、椒盐河虾、麻辣鱼鳞、芝麻苔酥、泡椒鱼。

（2）热菜：豉汁鱼丸、大蒜烧青波、红汤黄辣丁、干烧水密子、香辣豆花鱼、沸腾鱼、香菌番茄烧鱼、芙蓉鱼片（创新）。

（3）座汤：酸菜鱼头汤。

（4）随饭菜：泡豇豆炒烂肉、白水茄子、三色玉米。

（5）小吃：芝麻玉米条、红油水饺、凉镇魔芋羹。

（6）水果：1道。

十一、全鱼筵分档次系列菜单9

（1）凉菜：口水鱼、果汁鱼丝、麻辣鳝鱼、麻酱鱼卷、花椒鱼丁、四丝高桩（创新）、五彩鱼皮冻（创新）、鱼香花仁。

（2）热菜：竹荪江团、沙拉金沙大虾（创新）、麒麟桂鱼、芙蓉鱼片（创新）、山椒青波、风沙鱼烧白（创新）、菠饺鱼头、松鼠鱼。

（3）座汤：酸菜黄辣丁汤（"每人每"）。

（4）随饭菜：榨菜熘鱼丝、蚝油凤尾、虎皮青椒。

（5）小吃：韭菜合子、担担抄手、蛋皮面块。

（6）水果：2道（2样）。

十二、全鱼筵分档次系列菜单10

（1）凉菜：芝麻鱼丝、麻辣鱼鳞、泡椒鱼条、葱酥小鲫鱼、孜然鳅鱼、鸡汁金针菇、酸辣蜇皮、怪味鱼骨。

（2）热菜：凤翅足鱼、腰果鱼排、酸辣鱼豆花（创新）、干烧水密子、芙蓉鱼片（创新）、水煮黄辣丁、青椒熘桂鱼片、家常龙鱼（创新）。

（3）座汤：竹荪鱼丸三鲜汤。

（4）随饭菜：干煸银芽鱼丝、麻婆豆腐、拌三丝。

（5）小吃：担担抄手、玉米白峰糕、蛋皮手工面。

（6）水果：2道（2样）。

十三、全鱼筵分档次系列菜单 11

（1）凉菜：麻辣鳅鱼、五香薰带鱼、蒜蓉鱼卷、泡椒小鲫鱼、孜然鱼条、果汁泡瓜方、爽口脆青笋、甜酱小黄瓜。

（2）热菜：山椒岩鲤、清蒸江团、香辣脆皮大虾、干烧水密子、双椒青波、麒麟茄子（创新）、蛋卷虾包、泡椒鱼泡。

（3）座汤：三鲜酸辣黄辣丁（"每人每"）。

（4）随饭菜：家常豆腐、爽口萝卜、干煸豇豆。

（5）小吃：鸡汁锅贴鱼饺、三鲜鱼肉包、醉八仙、宜宾燃面。

十四、全鱼筵分档次系列菜单 12

（1）凉菜：麻丸鱼、果汁鱼条、豉汁小鲫鱼、椒盐小河虾、泡椒鱼、三色木瓜、怪味花仁、麻辣鱼鳞。

（2）热菜：金丝沙拉大虾（创新）、干烧水密子、清蒸足鱼、豉汁江团、鱼米之乡窝窝头、干烧桂鱼、麻辣锅巴鱼片（创新）、三色鱼淖（创新）。

（3）座汤：竹荪鱼豆花汤（创新）。

（4）随饭菜：酱烧茄子、跳水鸳鸯、臊子炒泡豇豆。

（5）小吃：三鲜鱼肉蒸饺、枇杷南瓜饼、三鲜猫耳面。

（6）水果：2 道（2 样）。

十五、全鱼筵分档次系列菜单 13

（1）凉菜：麻丸鱼、果汁鱼花、三丝鱼卷、五香熏带鱼、芝麻鱼条、三色木瓜、蒜蓉脆笋、酸辣蕨粉。

（2）热菜：竹荪烧鱼肚、锅贴鱼方（创新）、山椒烧江团、芋儿烧鱼头、芙蓉鱼片（创新）、干烧水密子、酸辣鱼豆花（创新）、麒麟岩鲤。

（3）座汤：双色鱼丸汤（高汤）。

（4）随饭菜：2 道。

（5）小吃：萝卜丝饼、三合泥、担担抄手、玉米发糕。

（6）水果：一帆风顺。

十六、全鱼筵分档次系列菜单 14

（1）凉菜：椒盐鱼鳞、花椒鱼丁、麻辣葡萄鱼、葱酥小鲫鱼、香辣鳅鱼、金钩瓜条、爽口萝卜、珊瑚白菜卷。

（2）热菜：富贵足鱼、金丝沙拉大虾（创新）、酸汤黄辣丁、家常龙鱼（创新）、双耳熘鱼片、麒麟桂鱼、酸辣鱼豆花（创新）、红汤老虎鱼。

（3）座汤：清汤鱼丸汤（高级清汤）。

（4）随饭菜：3 道（三样）。

（5）小吃：韭菜合子、菠汁鱼肉包、珍珠丸子、三鲜猫耳面。

（6）水果：一帆风顺。

十七、全鱼筵分档次系列菜单 15

（1）凉菜：豆豉鱼条、麻酱鱼丝、花椒鳝段、五彩鱼皮冻、孜然葡萄鱼、三色木瓜、蒜蓉脆青笋、鱼香花仁。

（2）热菜：百花江团、腰果鱼排、红汤石

爬子、菊花全鱼、酸辣鱼豆花、酱烧一品麒麟茄、响铃鱼片（岩鲤）、风沙鱼烧白、金丝沙拉绣球鱼。

（3）座汤：酸菜鱼丸汤（"每人每"）。

（4）随饭菜：3 道。

（5）小吃：绿菌玉兔、红油钟水饺、玻璃烧麦、伤心凉粉。

（6）水果：一帆风顺。

十八、全鱼筵分档次系列菜单 16

（1）凉菜：三丝鱼卷、五香熏鳝鱼、红珍鱼、麻辣鳅鱼、四丝高桩、鱼香激蚕豆、爽口萝卜干。

（2）热菜：金丝沙拉绣球鱼、麻辣锅巴鱼、浓汤鱼丸汤（"每人每"）、彩珠野生足鱼、鱼香鹅黄鱼卷、松鼠桂鱼、荷香水密子、酸辣石爬子、风沙鱼烧白。

（3）座汤：清汤竹荪鱼丸汤。

（4）随饭菜：3 道。

（5）小吃：鸡汁锅贴鱼饺、川南猪儿粑、椰汁西米露、蛋皮面块。

（6）水果：一帆风顺。

十九、全鱼筵分档次系列菜单 17

（1）凉菜：果汁鱼花、灯影鱼片、口水鱼丸、陈皮鱼丁、芝麻鱼丝、葱酥小鲫鱼、金钩玉牌、椒盐蛋松。

（2）热菜：干烧岩鲤、百花江团、椒麻鲍鱼、软炸虾包、麻辣鱼豆花、双耳熘鱼片、炝锅水密子、香辣野生鲶鱼煲、风沙鱼烧白。

（3）座汤：酸菜鱼丸羹汤。

（4）随饭菜：3 道。

（5）小吃：像生酥梨、三鲜锅贴鱼饺、珍珠丸子、水晶马蹄糕。

（6）水果：一帆风顺。

二十、全鱼筵分档次系列菜单 18

（1）凉菜：麻丸鱼、沙拉鱼丁、灯影鱼片、刺生三文鱼虾、刷把鱼丝、五彩鱼皮冻、珊瑚雪卷、蒜蓉脆青笋。

（2）热菜：百花鱼肚、豆瓣岩鲤、红汤玄鱼、泡椒鱼泡、蟹黄豆腐鱼包、锅巴鱼片、金钩鱼淖、红烧野生足鱼、风沙鱼烧白。

（3）座汤：高级清汤鱼豆花（"每人每"）。

（4）随饭菜：3 道。

（5）小吃：像生黑桃酥、手工担担抄手、鱼肉双花小包、鲜花饼。

（6）水果：一帆风顺。

二十一、传统吃法创新

1. 海鲜菜品（19 道）

神奇海鲜卷、双吃龙虾、腰果龙虾、油炝鸳鸯鱿、三吃龙虾、山椒醉虾、锅巴虾球、生吃三文鱼、琵琶大虾、豉汁盘龙鳝、火爆鱿鱼卷、腰果红螺、软炸虾排、松茸红螺、姜葱焖蟹、干烧灰刺参、清蒸肉蟹、蒜蓉鲜贝、干烧肉蟹。

2. 鱼类菜品（24 道）

水晶鱼排、魔芋回锅鱼、金骨鱼、独珠桂鱼、麻辣鱼、番茄鱼、松鼠桂鱼、鱼咸烧白、酸辣鱼脑、百花桂鱼、三色鱼淖、水煮鱼、豆花鱼片、旱蒸浣鱼、独珠鱼、冬菜鱼、纸包鱼、双味鱼卷、松茸鱼片汤、双色鱼丝、龙鱼、土司鱼排、鱼头碗、三丝鱼卷。

3. 一鸡八吃

芋儿烧鸡、麻辣鸡块、泡椒鸡杂、三鲜鸡血汤、太白烧鸡、口水鸡、家常鸡杂、鲜菌鸡血汤。

4. 一鸭七吃

魔芋烧鸭、口水鸭、金沙烧鸭、三鲜鸭血汤凉粉烧鸭、双椒煸鸭子、怪味鸭条、鲜菌鸭血汤。

5. 全鱼八吃（以花鲢为主）

家常蒸鱼头、藤椒鱼片、双椒熏鱼条、酸菜鱼、双椒蒸鱼头、花椒鱼条、山椒拌鱼片、鲜菌鱼丸汤。

6. 养生保健菜品（煲类18道）

人参甲鱼乌鸡煲、天麻乳鸽煲、银杏全鸡煲、虫草全鸭煲、天麻鲤鱼头煲、滋补乌鸡煲、归芪全鸡煲、山药凤翅煲、贝母鸡煲、沙参鸡肾煲、沙仁猪肘煲、枸杞牛鞭煲、陈皮牛蛙煲、猴头牛掌煲、排骨香菌煲、三鲜鱿鱼煲、地羊煲、沙参红杞牛尾煲。

7. 东坡主题菜品（18道）

东坡甲鱼、东坡牛头方、松茸东坡肘、东坡蚝油渣子、鸡菌东坡肘、东坡三菌火鸡、青蒿东坡肘、红皮东坡肘、东坡玉糁羹、家常东坡肉、川菜东坡肘、东坡啤酒鹿煲、东坡坛子乳鸽、东坡蕨菜回锅鱼、东坡盘龙鳝、东坡芋儿鸡、东坡扣肉、东坡明月竹荪。

二十二、野菜系列菜品

1. 凉菜类（17道）

糖醋蕨菜、红油蕨菜、地芽三丝、糖醋地芽、蒜泥马齿苋、糖醋马齿苋、红油荙菜、糖醋荙菜、荙菜三丝、香油苕菜、回香蚕豆、红油野油菜、椿芽白肉、椿芽三丝、双丝弟弟菜、泡山药、怪味贡菜。

2. 热菜类（20道）

鱼香蕨菜肉丝、蕨菜回锅鱼、地菜肉片、马齿苋肉丝、薄荷坛子烤鸭、山药烤鸭、荷香坛子烤鸭、山药烧鸡肾、椿芽盘龙鳝、薄荷盘龙鳝、荙菜肉丝、蒜蓉荠菜、苕菜狮子头、干煸野油菜、菊花肉丝、玉兰花肉片、玉兰花熘鱼片、椿芽烘蛋、鱼香贡菜肉丝、杜鹃花肉片。

3. 汤菜类（6道）

贡菜肉丝汤、椿芽煎蛋汤、苕菜丸子汤、菊花肉丝汤、茴香蛋花汤、马齿苋肉丝汤。

4. 小吃类（19道）

青蒿凉饼、荷香小包、茯苓鸡饺、茴香千层饼、薄荷牛肉蒸饺、艾蒿窝窝头、杏仁豆腐、椿芽三丝卷、荙菜糖醋卷、山药珍珠丸子、茉莉鲜花饼、茉莉花珍珠丸、银杏叶儿粑、香樟小笼包、椿芽卤肉锅魁、茴香卤肉锅魁、苕菜玉粟羹、山药玉粟羹、菊花玉粟羹。

二十三、竹系列菜品

1. 凉菜类（27道）

棒棒斑竹笋、糟醉冬笋、糟醉芦笋、红油紫竹笋、鸡油紫竹笋、麻辣金竹笋、鸡油斑竹笋、怪味金竹笋、鱼香冬笋、椒盐冬笋、灯影玉兰笋、鱼香金竹笋、香油芦笋、椒盐芦笋、花椒芦笋、糖醋芦笋、葱油冬笋、糖粘芦笋、糖醋珍珠笋、怪味珍珠笋、鱼香珍珠笋、麻辣芦笋干、陈皮芦笋、陈皮冬笋、金钩挂冬笋、油炝芦笋、鸡汁竹荪。

2. 头菜类（13道）

孔雀竹荪、什锦竹荪、三鲜竹荪、一品竹荪、蛋卷竹荪、蛋饺竹荪、植物四宝、什锦竹烩、鱿鱼竹烩、鱼肚竹烩、海参竹烩、竹荪干贝、龙眼斑竹笋。

3. 二菜类（10道）

椒盐冬笋、香酥竹排、五香熏冬笋、汉烧冬笋、酥皮珍珠笋、香酥芦笋、五香熏芦笋、汗烧芦笋、麻辣冬笋、芝麻冬笋。

4. 二汤类（13道）

奶汤玉竹羹、推沙望月、口蘑竹荪鸭肝汤、冬笋鸭方汤、酿紫竹汤、八宝竹烩汤、雪耳竹羹汤、鸡濛竹荪汤、天麻乳鸽竹荪汤、归茂凤翅竹荪汤、紫竹枸杞牛鞭汤、酸菜紫竹笋汤、清汤蝴蝶竹荪汤。

5. 行菜类（41道）

大蒜烧紫竹笋、鲜熘芦笋、酱烧芦笋、酱烧冬笋、鸡油紫竹笋、金钩紫竹笋、蚕豆芦笋、干贝斑竹笋、火腿烧紫竹笋、西蓝花烧芦笋、鱼香酥皮芦笋、五彩冬笋、火腿烧冬笋、兰花熘紫竹笋、凤翅烧紫竹笋、凤掌烧冬笋、肥肠芦笋、素足鱼烧芦笋、鸭片烧冬笋、胗肝爆冬笋、回锅紫竹笋、三丁炒芦笋、蘑菇烩冬笋、锅巴鸡片冬笋、三鲜烧芦笋、珍珠芦笋、如意蛋卷烧芦笋、干煸芦笋、鱿鱼冬笋、虾仁爆冬笋、鸭条烧芦笋、葱烧芦笋、鲜贝熘芦笋、猪肚烧冬笋、三元烧芦笋、鱼香竹饼、太白玉兰笋、丝瓜玉兰笋、鸡皮烧紫竹笋、推沙见鱼脑、蹄筋烧金竹笋。

二十四、小吃菜品

1. 造型类小吃（11道）

朝霞映玉鹅、绿茵玉兔、希望未来、冰峰企鹅、草原刺猬、金鱼戏水、熊猫戏竹、椰林仔象、鸡冠饺、珍珠鸽、玉鸽风光。

2. 常用杂粮小吃（24道）

窝窝头、玉米卷、珍珠玉米卷、什锦窝头、玉米发糕、八宝玉米羹、酥皮玉米饼、芝麻玉米条、桂花玉米粥、像生香梨、麻枣、土豆饼、苕卷、土豆卷、南瓜卷、鸡丝荞面、榨菜荞面饼、荞面馒头、红枣小米粥、红枣豌豆汤、马蹄糕、南瓜蒸饺、金银馒头、珍珠丸子。

第三章

川味白案调味技巧

第一节　白案的地位、作用和分类

一、白案在饮食业的重要地位和作用

（1）它是饮食业的组成部分。从饮食业的生产来看，主要有两个部分：一是菜品烹饪，行业称为"红案"；二是面点制作，行业称为"白案"，构成饮食业生产经营品种。

（2）面点制品是人们生活所必需的。它具有较高的营养价值，应时适口，既可在饭前或饭后为菜点品味，又能作为主食吃饱，满足不同的消费需要。

（3）面点制品，特别是早点、点心等，具有食用方便、便于携带的特点，受到人们的欢迎。

二、白案制品分类

面点制品品种繁多、花色复杂，分类也较多。按原材料分类：可分为麦类制品、米类制品、杂粮类制品和其他制品；按熟制方法分类：分为蒸、炸、煮、烙、烤、煎，以及综合熟制法制品；按出品形态分类：可分为饭、粥、糕、饼、团、粉、条、包、饺、羹以及冻等；按馅心分类：可分为荤馅、素馅两大类；按味道分类：可分为甜、咸和甜咸味制品等。

第二节　原材料的选用

面点制作所用的原材料分为三类：第一类为皮胚用料。如米（米粉）、麦（面粉）、其他杂粮等；第二类为制馅用料。如各种肉类、水产、蛋品、各种蔬菜、豆制品，以及干鲜果实、果仁、蜜饯等；第三类为调味和辅助物料。如油脂、糖、盐、碱、乳品，以及改善色泽、口味的添加剂（色素、香精）等。

一、选用原料的基础知识

1. 熟悉各种胚料的性质和用途

只有懂得这些知识，才能选用适当原料，达到物尽其用的效果，发挥原料最大效能。

2. 熟悉调辅料的性质和使用方法

一般来说，调料都有其独特的性质和用途。有的调料，如糖、盐等，兼具调味和调节面团性质的双重作用。只有熟悉这些特性，才能更好地使用。

3. 熟悉原料加工和处理方法

因为面点制品所用的原料，大部分在制作前，有加工和处理过程，不同的面点制品，有不同的加工处理方法，否则会影响成品质量。

4. 熟悉馅料要求

面点制作讲究形、色、味。对所用馅料必

须严格选择。

二、9种重要调辅料

1. 油脂

面点制作常用的油脂有荤、素两种。油脂既是馅心的调味原料，同时，也是面团的重要辅助原料。除调制油酥面团外，油脂在面点成形、操作和成熟过程中经常会发生作用，主要有以下4点。

（1）馅料掺入油脂，可使成品口味润美、色泽鲜明，并可增加柔软性和营养价值。

（2）调制面团时，掺入油脂，成为油酥面团，可制成具有层次和酥松性的成品。

（3）在形成过程中，适当用些油脂，能降低面团的黏着性，便于操作。

（4）利用不同油温的传热作用，可使制品产生香、脆、酥、嫩等不同味道和不同质感。

2. 糖

糖是制作面点的重要辅助原料之一，它不仅是一种甜味原料，同时也有改善面团质地的功效。调制面团时掺入适量的糖，能起到以下作用。

（1）增加成品的甜美滋味，提高成品的营养价值。

（2）使制品表面光滑，烘烤后因糖分的焦化作用，使成品表面形成金黄色或棕色，色泽美。

（3）能改进面团组织，使制品松发。使用量过多也会使成品硬脆。

（4）在面团发酵过程中，加糖可增加酵母菌繁殖所需要的养分，起到调节发酵速度的作用。

由于糖有脱水性，如面团中放有少量糖，不但影响面筋吸水能力，也会影响面团和面筋的物理性质。故调制面团时已放糖，则用水酌量减少，否则会使面团过软，形成软面团，操作不便，也影响成品品质。

3. 食盐

食盐是制作面点不可缺少的辅料，除调制馅心需盐调味外，调制面团也需要适量的盐，面团中掺入适量的盐，可起以下作用。

（1）增强面团筋力。面团中加入食盐，能改进面筋的物理性质、质地变密，增强弹性与强度，从而使整个面团在延伸或膨胀时不易断裂。

（2）改善成品色泽。面团中掺入食盐后，组织变细密，光线照射制品的壁膜时，投射的暗影较小，显得洁白，改善了制品的色泽。

（3）调节发酵速度。在发酵面团中，加入适量的盐（占面粉量的0.3%以下），可以促进酵母的繁殖，提高发酵速度；但用量过多，由于盐的渗透压力作用，又能抑制酵母的繁殖，使发酵速度变慢。

4. 乳品

制作点心通常采用的乳品有鲜奶、炼乳、奶粉和脱脂粉等，在点心原料中加入乳品后，可以提高制品的营养价值，颜色洁白，滋味香醇，同时乳品具有良好的乳化性能，可改进面团的胶体性质，增加面团的气体保持能力，使面团制品成品膨松、柔软可口。

5. 蛋品

蛋品在面点制作中用途极广，是重要的原料。蛋品可以使制品香味增加和色泽鲜艳（烘烤时更容易上色），并保持制品松软性。蛋品能使成品发泡，增大体积，膨松柔软。

6. 酵母和面肥

是发酵面团的重要物料，在面团中引入酵母或面肥，面团组织即可膨松胀大，制成成品后，体积增大，口感暄软。

7. 化学膨松剂

大体可分两类：一类通称发粉，如小苏打、臭粉、发酵粉（又叫泡打粉）；另一类，即矾盐，在面团中加入这些物料，能起到类似酵母发酵的膨松效果，故名膨松剂。

8. 色素

色素是改善制品色泽的辅料，掺入色素的面点，色彩悦目、诱人食欲，但有些色素含有毒性，影响人体健康。

9. 香精

在面点中添加适当香精，可以提高成品风味，增进食欲。香精是用多种香料调和而成的，包括天然香精和单体香料。天然香料对人体无害；单体香料（指人工合成香料与植物中提炼出来的单体香料）不能超过规定的用量范围，一般为 0.15%～0.25%。

第三节　基本技术动作

一、基本技术动作的重要性

（1）基本技术动作是面点制作工艺中最重要的基础操作，只有学会了这些基础操作。才能进一步学会各种面点的制作技术。

（2）基本技术动作熟练与否，会直接影响工作效率和制品的质量。

（3）基本技术动作又是面点人员的主要基本功（包括臂力、腕力和动作手法等）。目前，面点制作仍以手工为主，手上的"功夫"如何，与成品质量关系很大。

二、基本技术动作的任务和作用

（1）调制面团。通过和面、揉面这两项基础操作，调制出均匀、柔软、滑润、适合各类制品需要的面团。

（2）成形准备工作。搓条、下剂、制皮、上馅都是为面点制品成形创造的良好条件，这是基本技术动作的重要任务。

第四节　面团

面团，即各种粮食面粉（包括面粉、米粉和其他杂粮粉）掺入适当的水、油、蛋和填料后，加以调制（包括和面、揉面），使粉粒相互粘连，成为一个整体的团块（包括稀软团、糊浆状）。粉料之所以互相粘结成团，是因为粉料中淀粉、蛋白质等成分具有和水、油、蛋等结合的条件。

面团调制。对面点的制作起着重大的作用。第一，便于成形，从大多数品种看，如不先调制面团，将无法制作成品；第二，增强粉料的特性，保证成品的质量；第三，大大丰富了面点品种。

一、水调面团

水调面团指面粉掺水（有的加入少量填料，如盐、碱等）所调制的面团。这种面团的特点为组织严密，质地坚实，内无蜂窝孔洞，体积也不膨胀，又称为"死面""呆面"。但富有劲性和可塑性。熟制成品后，爽滑、有筋力，具有弹性而不疏松。面粉在掺水调制时，因水温不同，可分为冷水面团、温水面团和热水面团三种。

1. 水调面团的原理和性质

面粉中所含的淀粉、蛋白质具有水性，而这种水性，随着水温变化而变化（糊化或变性），从而形成不同水温面团的性质特点。

（1）淀粉的物理性质。淀粉在常温条件下基本没有变化，吸收率低。如水温30摄氏度，淀粉只结合水分的30%，颗粒不膨胀，大体保持硬粒状态；水温50摄氏度左右时，吸水率和膨胀率也很低，黏度变化不大；水温升至53摄氏度以上时，淀粉的物理性质就发生了明显变化，即溶于水的膨胀变化，淀粉颗粒逐渐膨胀；水温60摄氏度以上时，淀粉不但膨胀，

还进入糊化阶段，淀粉颗粒的体积比在常温下膨胀了好几倍，吸水量大，黏性增强，并有一部分溶于水中；水温67.5摄氏度以上时，淀粉大量溶于水中，成为黏度很高的溶胶；水温90摄氏度以上时，淀粉的黏度越来越大。

（2）蛋白质的物理性质。在常温条件下，蛋白质不会发生变性（这里仅指热变性），吸水率高；水温30摄氏度时，蛋白质能结合水150%左右，经过揉搓，能逐步形成柔软而有弹性的胶体组织，俗称"面筋"；水温升至60~70摄氏度，蛋白质开始热变性（与淀粉糊化温度相近），逐渐凝固，筋力（劲性）下降，弹性和延伸性减退，吸水率降低，只是黏度稍有增加；蛋白质的热变性随着温度增高而加强，温度越高，变性越大，筋力和水性更加衰退。

2. 调制冷水面团时，注意以下4个关键性问题

（1）水温适当。面粉中的蛋白质是在冷水条件下，生成面筋网络。所以，必须用冷水调制，才能保证冷水面团特点。

（2）使劲揉搓。冷水面团中的致密面筋网络主要靠揉搓力量形成。

（3）掌握好掺水比例。一般要分次掺水，防止一次吃不进而外溢。

（4）静置饧面。面团调制好以后，一定要放在案板上，盖上洁净湿布，静置一段时间。饧面的主要作用是使面团中未吸足水分的粉粒有一个充分吸收的时间。

3. 热水面团调制法

热水面团要求黏、柔、糯。根据这一特点，在调制过程中，要注意以下4个问题。

（1）热水要浇匀。一般常用的方法就是把面粉在案板上摊成大坑塘，将热水均匀浇在面

粉上，边浇水边拌和。

（2）洒上冷水揉团。热水和面只能在初步拌和时用热水，当拌和差不多时，揉团时必须均匀洒些冷水，然后揉成团块。

（3）散发面团热气。摊开或切成一块一块散发，使面团内的热气散尽凉透，才能进一步把面团揉匀。

（4）掺水要准确。热水面团掺水量要准确，该掺多少水，在调制过程中一次掺完。

4. 温水面团调制法

大体和冷水面团做法相似，如吃水准确，多搓多揉，但由于温水面团本身的特点，在调制中，要特别注意以下两点：一是水温要准确，以 50 摄氏度左右适宜，不能过高过低；二是要散散热气，因用温水调成，面团有一定热气，这种热气对制作成品不利。所以，初步成团后，也要在面板上摊开或切开，让热气散尽，完全冷却，再揉和成团，盖上湿布备用。

二、膨松面团

在调制面团过程中，用适当加入填料和调制方法，使面团起生化反应、化学反应和物理作用，从而使面团组织产生空洞，变得膨大疏松（化学反应和物理作用，要在加热条件下体现）。膨松面团和制品，具有松软适口的特殊风味。目前使用膨松的方法分为酵母膨松法、化学膨松法、物理膨松法三种。

1. 酵母膨松法

酵母膨松法，又叫发酵法。用这种方法调制的面团，称为发酵面团。发酵时所用的添辅料有两类：一是酵母（包括鲜酵母、压榨酵母、活性干酵母）；二是面肥。从饮食业实际情况看，绝大多数用面肥发酵。

（1）酵母发酵的原理。面团引入酵母，酵母即可以面团中淀粉酶分解的单糖（葡萄糖）作为养分而繁殖增生，把单糖分解为醇（酒精）和分泌酵素（一种复杂的有机化合物酶），这种酵素可以把单糖分解为醇（酒精）和二氧化碳气体，同时产生水和热。酵母不断繁殖，不断分泌酵素，二氧化碳气体随之大量生成，并被面团的面筋网络包裹不能溢出，从而使面团出现了蜂窝组织、膨大、松软、浮起，产生酒香味、酸味（杂菌繁殖所产生的醋酸味），这就是发酵原理和全部过程。

（2）发酵的基本条件和因素。

①面粉质量。发酵对面粉质量的要求体现在两方面：一是产生气体的性能；二是保持气体的能力。

②酵母数量。一般面团中引入酵母（或面肥）数量越多，发酵力越大，发酵时间越短，但用量过多，越过了限度，相反引起发酵力减退。

③发酵温度。温度对发酵起着重大影响，因为酵母和淀粉酶对温度特别敏感，温度适宜才能更好地发挥作用。

④软硬程度。在发酵过程中，面团软硬影响发酵速度。软的面团（掺水量较多）发酵快，也容易受发酵中所产生的二氧化碳气体的影响而膨胀；硬面团（掺水量较少）发酵慢，因为硬面团的面筋网络紧密，抑制了二氧化碳气体的产生，但也防止了气体的散失。

⑤时间。发酵时间对面团质量影响极大。时间过长，发酵过头，面团质量差，酸味强烈，熟制时软塌不暄；时间过短，发酵不足，则不胀发，色暗质差，影响成品质量。

（3）发酵质量标准。

①正常质量标准：松发，软硬适当，具有弹性，酸气正常。

②质量不正常的表现分为两种情况：一是发得不足；二是发得过度。

2. 化学膨松法

化学膨松法是把一些化学品掺入面团内，利用化学特性，使熟制成品具有膨松、酥脆的特点。

化学膨松的原理。面团内掺入化学品调制后，成品在熟制过程中产生膨松。因为化学品受热而分解，产生大量二氧化碳气体，这种气体和酵母发酵产生的气体一样，使成品内部结构形成均匀致密的多孔性组织，达到酥松的要求。

3. 物理膨松法

物理膨松法又叫机械力胀发法，俗称"调搅法"，是利用鸡蛋经过高速搅拌能打进气体和保持气体的性能，然后与面粉调制成蛋泡面团，成品熟制后，面团内所含气体受热膨胀，使成品松发、柔软。

三、油酥面团

油酥面团主要是指用油脂与面粉调制的面团。但完全用油，面团过于松散，难以成形，熟制会完全散开。所以，要配合一些水和其他填辅料进行调制。这种面团成品主要特点是体积膨松、色泽美观、口味酥香、营养丰富。油酥面团的种类很多，大体可分为层酥、单酥、炸酥三类。层酥又可分为酥皮、擘酥两种。

酥皮是由干油酥和水油酥两块面团制皮包制而成；擘酥是由油酥和水面组成。层酥的制成成品都具有层次酥性的特点。单酥又叫硬酥，是油、面粉、水和化学膨松剂调制而成的，它制成的成品具有酥性，但不分层，性质上讲，属于膨松剂面团。

油酥面团成团、起酥的原理：油酥面成团、起酥都与油脂的性质有关。油脂具有一定的黏性和表面张力。当油渗入面粉内，面粉颗粒就被油脂包裹，粘连在一起，成为面团。因为油酥，面团比较松散，没有黏度，没有筋力，所以油酥面团具有酥性。

四、米粉面团

米粉面团是米粉掺水调制的面团。由于米的种类较多，如糯米、粳米、籼米等，可以调制不同的米粉面团，在制法上加以适当运用，能制成丰富多彩的点心。

米粉的性质和特点：米粉和面粉的成分一样，主要是淀粉和蛋白质，但两者之间性质不同。从蛋白质看，面粉所含的蛋白质是能吸水形成面筋的麦谷蛋白和麦醇溶蛋白；米粉所含的蛋白质则是不能产生面筋的籽蛋白和米胶蛋白。从淀粉看，面粉所含的淀粉多是淀粉酶活力强的糖淀粉（直链淀粉，能为酵母提供发酵养分的淀粉）；而米粉所含的淀粉多是淀粉酶活力低的胶淀粉（支链淀粉）。

五、其他面团

这类面团包括面粉、米粉特殊加工面团，以及杂粮（小米、玉米、高粱等）、薯类、豆类、菜类（土豆、山药等）、果类（马蹄、菱角、莲子等）、蛋类、鱼虾类经过加工，成为胚皮，制成多种具有独特风味特色的面团。此外，还有果冻、果羹等。

1. 澄粉面团

该类面团是面粉经过特殊加工，成为纯淀粉（没有面筋质），再加工调制的面团，这种面团的制品色泽洁白，呈半透明状，细腻柔软，口感嫩滑，入口即化，常用制作精细点心，如广东的虾饺等。在调制澄面时，一般用90摄氏度以上的热水，烫熟拌和，才具有黏性。

2. 糕面面团

该类面团是糯米经过特殊加工（又叫加工粉、潮州粉）而调制的面团。这种面团质软滑而带有韧性。其制法是糯米加水浸泡、滤干，小火煸炒至水干，米发脆时，冷却，再磨制粉，加水调制成团。

3. 杂粮粉面团

将小米、玉米、高粱等磨成粉，有的加水调成面团，有的加粉掺和，再加水调制成团。

4. 薯类面团

如白薯（红薯）面团等。在调制时，白薯去皮，煮熟，压烂去筋，趁热加入填辅料（如白糖、面粉、油和米粉等）揉搓均匀，即成。

5. 豆类面团

如绿豆粉面团，在调制时，绿豆磨粉、加水（一般不加其他粉类，有的加填料，如糖、油等），调制成团。

6. 菜类面团

该类面团主要有土豆、山药、芋头等面团，各有不同风味。

7. 果类面团

该类面团原料主要有荸荠（马蹄）、莲子、菱角、栗子等。

8. 全蛋面团

蛋是各类面团的重要辅料，如水调面中加蛋的水蛋面团；油酥面团中加蛋的油蛋面团；油、糖、蛋面团；膨松面团中的膨松剂蛋面团；糖、蛋也可以单独与面粉调成全蛋面团。

9. 鱼蓉面团

用鱼肉同其他辅料调制成的面团。

第五节　馅心及面臊

一、馅心

馅心是用各种不同原理，经过精细加工，拌制和熟制而成的形式多样、味美可口，包入面点内的内馅。

1. 馅心的作用

（1）体现面点的口味。包馅面点的口味虽与胚皮有很大关系，但主要还是靠馅心来体现。

（2）影响面点的形态。馅心与面点成形有很大关系，它既是面点的组成部分，又可使面点形态优美。

（3）形成面点特色。各种面点特色虽与所用胚料、成形加工和成熟方法等有关，但所用馅心往往起到衬托，甚至起到决定性作用，形成浓厚的地方风味特色。

（4）使面点花色品种多样化。多样化的馅心配以皮胚、成形、熟制方法的不同，形成多样化的面点品种。

2. 馅心品种和制作特点

馅心种类很多，以口味不同，可分为咸馅、甜馅和咸甜馅三大类。

（1）咸馅。用料广泛、种类多样，常见有素馅、荤馅、荤素馅三种。

素馅是以植物性原料为馅心，主要原料包括各种新鲜蔬菜、菌类、干菜及素食品。素馅源于佛教饮食，用途不太广泛，使用上可做品种上的调剂。素馅可分为生馅和熟馅两种。生素馅的特点是保持原料本身清香味和营养成分，鲜嫩、爽口、味美。熟素馅多用硬性原料和干菜，常用于花色点心。

荤馅是使用动物性原料，辅以少量植物性原料的馅心。用途广泛，家禽、家畜、山珍、水产均可使用，其中，以猪肉使用最多。荤馅有生、熟两种，生荤馅要求多汁、鲜嫩；熟荤馅要求味鲜、卤汁多、爽口。

荤素馅是用动物性和植物性原料共同制成，两者数量之比无大差异。它不仅在口味和营养成分上配合适宜，而且具有较好的风味特色，使用极其广泛。荤素馅也分生、熟两种，以熟荤料与生素料配合者为多。

（2）甜馅。甜馅是一种以糖为基本原料，辅以豆类、果仁、蜜饯、油脂等制成的馅心。甜馅可分为泥蓉馅、果仁蜜饯馅、糖馅三大类。

①泥蓉馅是以植物的果实或种子为原料，加工成泥蓉状后，再用糖、油炒制而成的馅心，其特点是馅心带有不同果实的香味，口感细软。

②果仁蜜饯馅是将炒（炽）熟的果仁同蜜饯一起，切成粒后加糖油拌合而成的馅心，特点是松爽香甜，具有各种果料的特殊香味。

③糖馅是以纯糖为主料，加入油、面粉等制成的馅心，有的还加入各种香精，改变其风味，特点为甜香富油。

（3）甜咸馅。甜咸馅是一种用糖、油和咸肉、香肠、火腿、金钩等咸味原料，以及椒盐等调料制作的甜中带咸的馅心。一般用其中所用咸味原料命名，多用于糕点及烤制点心。

3. 馅心制作中应注意的问题

（1）咸馅在制作中应注意以下问题。

①掌握味的浓淡，突出鲜味。

②荤素馅要注意荤素料的比例，做到荤、素配搭得宜。

③素荤要按需要加够油脂，以突出蔬菜的清香为度。

④生荤馅要细、无筋、吃水要够，既要鲜嫩，又要不吐水。

⑤一些高档馅心应讲究刀工成形。

（2）甜馅制作应注意以下问题。

①油、糖的量要放够，糖如果过粗，须事先加工研细。

②体现风味的原料用量要准确。

③如使用色素，必须严格按部颁标准 GB 2760 执行。

④如用面粉必须事先熟制。

（3）甜咸馅制作时注意事项同甜馅，但咸味必须少于甜味，以突出风味为度。

二、面臊

面臊，行业俗称臊子。一种用蔬菜、腌

菜、笋菌、禽畜肉、部分动物内脏、海水产品、各种汤、调料，经烹饪成熟，用以浇盖在面条上，以体现某种风味的制品。

面臊的品种很多、味型复杂，一般分为干面臊、汤汁面臊、卤汁面臊三类。

1. 面臊的作用

（1）确定口味。由于面条基本上无味，面臊具有不同口味，用不同口味的面臊浇盖面条，形成不同口味的面条。

（2）增加面条的品种。面条制品一般是用臊来命名，众多面臊产生众多面条品种。

（3）形成面条的地方风味。面臊制法、口味具有浓烈的地方特点，如四川面臊多用咸鲜、酸辣、麻辣、鱼香等味，就充分体现了四川特点。

2. 不同面臊的制作特点

（1）干面臊。不用汤或极少。烹法主要是炒。主料多用猪肉末、牛肉末。具体操作时，一般用少许盐上味；用适量姜末、料酒和花椒避腥；个别加适量酱油或芽菜末上色；成品具有干香酥软的特点。此种面臊味较淡，故使用时还须用碗底佐料配合。

（2）汤汁面臊。用汤较多，不用芡汁，常以烧、烩、炖、煮等法制成。适用于鸡肉、牛肉、菌菇、鱼肉及海产干货制作。用汤可以是清汤、奶汤、原汁汤三种。成品特点为汤多味鲜、清淡适口。

（3）卤汁面臊。用汤适量，用芡汁使卤汁更浓稠，烹法以烧、烩为主。

第六节　白案味汁和汤的调制

一、白案味汁的调制

面点（主要指煮制品种）一般在碗底或面点上放适量味汁，以补充面臊的馅心味不足，使面点更具风味特色。川味面点味汁的味型，与红案同一味型在调料构成上有一些不同，在使用上应予以注意。川味面点味汁常用的有以下5种。

（1）咸鲜味。调料的构成为盐或酱油、味精、胡椒（有的不用）、葱等。

（2）蒜泥味。调料的构成为红油、甜红酱油、蒜泥、味精等。

（3）麻辣味。调料的构成为红油、花椒粉、酱油、甜红酱油、味精、葱等。

（4）红油味。调料的构成为红油、复制甜红酱油（用红糖加盐、八角、山奈、桂皮、甘草、香叶等）、酱油、味精、葱，有的加微量醋。

（5）怪味。调料的构成为酱油、熟油辣椒、甜红酱油、蒜泥、花椒粉、白糖、醋、味精、芝麻油等（此味多用于凉面，其甜酸蒜味宜重）。

二、制汤

面点制品所用的汤，也如菜肴中的汤一样，十分重要。特别在煮制的面食中，汤的作用更为显著。四川面食制品所用的汤，一般有清汤、奶汤、原汁汤（鸡汤、鱼汤、牛肉汤等）、毛汤 4 种，以下介绍清汤和奶汤制法。

1. 清汤

将老母鸡、鸭、排骨、老肉、火腿棒骨等放入沸水锅内氽一下，洗净，再入锅内（另换清水），旺火烧沸，撇尽浮沫，下整姜、葱、料酒，移中火上，保持沸而不腾，约 1 小时后，将各种原料捞出、洗净（姜、葱不用）。

锅内汤用猪肉蓉、鸡肉蓉清扫多次，再将原料重新放入，并将扫汤后的肉蓉分别压成饼放在汤内，取其鲜味。

2. 奶汤

将老母鸡、鸭、猪肘、猪蹄、猪肚等放入沸水锅内氽一下，洗净，再入锅内（另换清水），旺火烧沸，撇尽浮沫，加料酒、胡椒面，约 2 小时，待汤色乳白，鲜香浓稠，捞出原料，即成。

第七节　白案的成形

面点成形，即指用调好的皮料，加入馅心（有的不用馅心），运用不同手法，加工成一定形状的工艺过程。面点成形方法有很多，总的工艺程序可分为成形准备阶段的成形预制技术和成形技术两大部分。

一、成形预制技术

成形预制技术主要包括揉、搓、擀、叠、切、扯等多项技术。

1. 揉

将扯好的剂子，用手揉成一定形状（主要是圆形、半圆形）的方法。可以在案板上揉，也可以在手掌上揉，多用于各类馒头及皮料的揉制。

2. 搓

用手将面团分成小块后，将其搓成条或其他形状。搓是成形工艺中使用的最普遍的方法。在面点加工中，许多产品都需要经过这一工序，才能进行下一步操作。

3. 擀

用各种面杖和扦子，使面团延伸、成型，或使其结构松散，压实的成形方法。

4. 叠

将制成的大块面片，叠成需要的形状。这种成形方法包括两种相似的手法，一是多次折叠，二是多层叠合。

5. 切

即用剪刀在制品坯上剪出花样，再以手工切成。即用刀具，将制成的面点坯，分割成不同规格的形状。

6. 扯

即用手，在大块面团或馅心上，摘取单块小料的手法。一般用于分剂子。

二、成形技术

1. 卷

将面团擀压成皮状，或将已成熟的片状食品

馅，按工艺要求，刷油或包馅，卷裹成形的方法。

2. 包

用一块料面包裹另一块料团，使之成形的方法。可以用于面皮酥层的形成，也可最后成形。

3. 捏

用手指将料团捏成需要的形状的成形方法。可用于包后的修饰或直接成形。

4. 撤压

用手按压面点生坯，使之成为一定形状的方法。

5. 拉

采用一定手法使面团成为丝状的成形法。

6. 摊

将糊状料在锅内加热成熟，成为一定形状的成形法。可用于半成品，如春卷皮，也可用于最后成形。

7. 削

用刀具直接将面团切割成需要的形状的方法。

8. 拨

用工具将碗中糊状料拨入沸水中，使之成形成熟的方法。

9. 模具成形

利用各种模具，使面团形成各种形状的方法。有模具、胎具、花钳等方法。

10. 修饰成形

在初步造型后的制品上通过铺撒、黏着、涂抹、拼摆、镶嵌等工艺，使之最后成形的方法。

第八节　白案的熟制

熟制，是在白案制作成一定形状的半成品基础上，通过不同形式的加热，使之成为熟食品的工艺过程。

一、熟制的作用和质量标准

1. 熟制的作用

熟制的根本作用是将面点由生变熟，成为利于人体消化吸收、具有营养价值及美感的可食物。其作用主要有以下5方面。

（1）实现制品价值。各类面点生坯通过前期各阶段加工，已凝结了许多劳动成果，加之面料本身的价值，使生坯成为具有一定价值的物品，但它还不能食用，不能实现价值。熟制后，成为可食用的食品，其价值就全部体现出来了。

（2）确定制品色泽。面点生坯的色彩不是最终色彩，通过加热，在高温下部分糖类焦化产生新的色泽，这是面点的最终色彩。一些煮、蒸品种虽然不会产生焦化现象，但在熟制中，会产生色泽变化。

（3）丰富制品风味。面点生坯香味甚淡，通过加热才能产生浓郁香味。尤其是一些馅心（特别是生馅）经熟制后，风味才得以体现。

（4）固定制品形态。面点外形是面点的质量标准之一，熟制可以使蛋白质凝固、淀粉糊化失水而产生固定的制品形态。

（5）消毒杀菌。在高温下，面点生坯中的细菌被杀死，有利于人体健康。

2. 熟制的标准

（1）外观。外观包括色泽和形状两方面。色泽要求达到规定的颜色和光泽；形状符合制品要求，饱满、均匀、大小规格一致、花纹清晰、收口严密、无伤皮、露馅、歪料等现象出现。

（2）内质。内质包括口味和质地两方面。口味要求香味正常、咸甜适度、滋味鲜纯；质地符合制品要求，如爽滑细腻、松软酥脆等。

（3）重量。要求熟制后制品分量准确。

二、熟制的方法

面点工艺中常用的熟制方法按加热次数分为单加热和复加热两种；按加热介质分为烤烙熟制法、油熟制法和水熟制法三种。

1. 单加热法

（1）焙烤。使用烘烤炉、烤箱、吊炉等工具，使生坯加热、成熟的方法。焙烤时，热能通过辐射、传导、对流3种形式，传递给面点生坯，使生坯中的淀粉生成糊精，水分蒸发，糖分部分焦化，表面形成亮光、有一定色泽的

外壳。而生坯内部由于直接受热，加之水的沸点仅100摄氏度的原因，形成松软的内质。此法常用于蛋糕类点心的成熟，一些特色点心也使用此法，由于体积小而加热时间长，使点心充分失水，产生酥松的特色。

（2）烙。将成形的生坯放平底锅内，通过热传递，使其成熟的方法。有的制品可以一次性烙熟，有的则要先烙后烤成熟，如锅盔等。

（3）油熟制法。煎制法。通过煎锅中少量油、水传导热量，使制品成熟的方法，此法热量靠锅直接传递给制品。炸制法。生坯置油锅内，靠油传递热量使制品成熟的方法。炸制品必须使用大量的油，油温可高可低，制品色泽因油温决定。

（4）水煮制法。蒸制法。利用水蒸气传导热量，使制品成熟的方法。煮制品。将制品生坯置于沸水中，以水为传热介质，使之成熟的方法。煮可分为沸水下锅（如煮面条、水饺等）、冷水下锅（如煮粥类等）。

2. 复加热法

（1）煮（蒸）炒法。生坯先煮（蒸）、再炒加热成熟的方法，如炒面、提丝发糕等。

（2）烙烤法。先烙制定型，再烤制成熟的方法，如锅盔等。

第九节　小吃与筵席菜品的配合

一、川味筵席

在现代筵席中，为丰富筵席内容、增加色

彩、调剂口味，经常使用一定量的小吃。小吃在筵席中的使用有一定的规范，总的要求是菜品为主、小吃为辅、合理穿插、严格配对。具

体的要求如下。

1. 小吃的数量

小吃是筵席的一个组成部分，数和量均应服从筵席需要。一桌筵席，冷、热菜有十多道，如小吃的数量不予控制，则势必喧宾夺主，破坏筵席风格，从而造成浪费。一般来讲，根据筵席档次高低，一般以 2～6 道为宜，全席小吃用量不宜超过 150 克，羹汤则应根据菜品的要求，适当考虑。

2. 合理穿插，严格配对

小吃和筵席菜品的配合有两个基本要求：口味配合、干湿配合。

（1）口味配合。一桌筵席有 8 道或十余道热菜，1 道尾汤，这里面有浓有淡、有甜有咸。小吃与之配对，应遵循口味近似原则，咸味菜配咸味点心；甜味菜配甜味点心。由于筵席菜品一般并非纯咸或纯甜，如糖醋味，咸中有甜，甜中有咸，在配合上有较大的选择性，不论咸点、甜点均可配合。另外，浓味菜配淡味点心，淡味菜则反之。

（2）干湿配合。菜品有干有稀，小吃也应与之配对。原则上，无汁或少汁的菜配带汤的小吃、点心。如头菜，除个别汤菜外，一般为少汁菜品。加之，冷菜在前又多为干盘，可配合一些汤类小吃，如抄手汤、波饺等。汤菜则可配一些较干的点心，如炸、烤、蒸制的品种。较干的甜味菜则配以甜羹。

（3）合理穿插。一桌筵席热菜仅 9 道（连尾汤），要配 2～6 道小吃，其分布应予以考虑。一般情况，鸭类及烧烤菜应配一道无馅无味的点心（传统筵席的席点）。头菜属汤，均可配小吃，小吃在菜品中的分布应平均，不可集中上桌。

（4）小吃的多样性。在考虑配对的前提下，筵席小吃应安排得多样化，包括成熟方法、面团种类、馅心口味、形状等，在一桌筵席中，小吃尽量不要重复。

二、小吃筵席的设计

小吃筵席是近年来发展起来的一种特殊筵席形式，它是以小吃为主，辅以佐酒、冷盘、少量热菜及水果的筵席。小吃筵席与普通筵席最大的区别是以集中品尝风味小吃为目的，在安排上应充分发挥四川风味小吃的优势。

1. 小吃筵席的基本格式

小吃筵席由小吃、冷碟、热菜、汤、羹、水果组成，根据筵席规格的不同，可安排 8～10 道小吃、4～5 个冷盘、4 道热菜、1 道汤菜、1～2 种水果组成。

2. 小吃筵席的设计

（1）冷碟。冷碟主要供佐酒使用，应从原料、烹制方法、形状、口味、荤素等方面安排不同品种。与普通筵席不同，小吃筵席冷碟尽可能使用风味小吃中的冷菜品种，如夫妻肺片、棒棒鸡丝、串味兔丁等。

（2）热菜。热菜在小吃筵席中起调节口味的作用。一般选用烧、烩等方式烹制菜品。应有荤有素，分量同一般筵席分量。不用全鸭、全鸡、全鱼等整形菜品，宜用地方风味浓郁或风味小吃中的热菜品种。

（3）小吃。小吃是小吃筵席的主体，设计上应丰富多彩，尽量使用风味小吃和地方小吃。着重考虑造型、面团种类、口味、馅心、原料等变化，做到一道小吃一种风格，一席小吃尽量没有相同或近似品种，同时，应根据季节、冷热，安排时令品种。

小吃还应配以羹汤，小吃中干的品种，一般可配羹汤同上，羹汤数量以小吃来定。原则上，小吃同羹汤应口味近似。

第十节　常见川味白案食品的配方及制作

一、面包（以25千克面粉为例）

1. 原料

鸡蛋2.5千克、精炼油2.5千克、白糖1.5千克、食盐250克、酵母粉150克、泡打粉150克。

2. 制作

（1）25千克面粉倒在案板上，中间做个大窝，将40摄氏度左右11千克的温热水倒入窝内。将白糖、已搅散的鸡蛋、精炼油、酵母粉、泡打粉、食盐一起倒入温水内，用手把面和均匀，发酵待用，上面盖上干净的布（冬季4小时左右，夏季2小时左右）。

（2）待面发好后，将面做成条，反复揉均匀，用手扯成剂子，大概50克1个。用手将剂子揉成大圆球。待发酵后，放入"烘房"继续发酵。发酵成功后，取出待用。用小刷子在面包上刷一层蛋液，再放入烤箱，烤制18分钟左右出箱。烘烤时，面火为260摄氏度，底火为200摄氏度。

3. 备注

做面包必须要有"烘房"，才能保证质量。

二、烤盘大蛋糕

1. 原料

鸡蛋5千克、白糖4千克、面粉6千克、奶油250克、香草粉适量。

2. 制作

（1）先将鸡蛋打散后倒入铲蛋机内，再倒入白糖、奶油、香草粉，在铲蛋机内搅40分钟左右，待用。

（2）面粉用细箩筛筛好后，倒入已铲好的蛋浆中，用手搅1分钟左右，再用机器搅10转，使其与面粉混合均匀，注意不能铲太久。

（3）将搅好的蛋液倒入事先备好的烤盘内。烤盘底部铺一张纸，蛋液表面用餐刀擀平。放入烤箱烤制35分钟左右。出箱切成块形蛋糕。烤制时，面火为250摄氏度左右，底火为200摄氏度左右。

三、沙琪玛制作过程

1. 原料

高筋面粉5千克、鸡蛋1.5千克、白糖1.75千克、饴糖0.75千克、化猪油400克、温水0.75千克、泡打粉50克、酵母粉25克、精炼油7.5千克（实用约1千克）。

2. 制作

（1）取5千克面粉倒在白案板上，在面粉中间做个窝。将鸡蛋1.5千克打入盆内，将其搅撒，倒入面粉窝内，放入化猪油（液体状）、泡打粉、酵母粉、白糖0.5千克、温水0.75千克。将面粉和均匀，发酵，夏季约 2 小时，冬季约 4 小时。面粉发酵后，在案板上反复揉均匀，用擀面杖将面擀成薄片，再用刀切成丝。待半小时后，面粉丝发酵。取大铁锅置于炉上，倒入精炼油，油温烧至 100 摄氏度左右，分批将面丝倒入油锅内，炸成淡黄色沙琪玛初坯，待用。

（2）大铁锅洗净，不能有油。倒入白糖 1.25 千克、饴糖 0.75 千克、清水 0.6 千克，铲炒制糖浆。待糖浆挂丝时，倒入已炸好的沙琪玛初坯，锅离火口，用铲子快速反复翻炒，炒均匀后，倒在白案板上事先准备好的木框内，用擀面杖将沙琪玛初坯压紧、压平。待均匀冷却后，用刀切成约 5 厘米长的方块，即成。

四、油条（以 25 千克面粉为例）

1. 原料

冬春季节：苏打粉 300 克、泡打粉 250 克、食盐 250 克、热水 12.5 千克、生菜油 250 克。夏秋季节：苏打粉 250 克、泡打粉 250 克、食盐 250 克、温热水 15 千克、生菜油 250 克。

2. 制作

（1）将泡打粉、苏打粉、食盐、菜油 150 克倒入大缸内。再将称好的温水倒入缸内，缸内沸腾起翻白泡。等待白泡消失，将称好的面粉倒入缸内，将面粉揉合均匀，置放 30 分钟，待用。

（2）单手抹菜油，将合好的油条面用力向高抓拉 45 厘米左右。同时，用手沾菜油，再用力拉两圈，重复约 40 分钟。再置放 20 分钟，可见油条面表面出现气泡。再将油条面切一块，放在白案板上，撒上干面粉。用力将面拉

成长约 12 厘米，厚约 1.2 厘米的块，再撒一些干面粉。

（3）将油条面切成约 1.5 厘米宽的扁条。再将两个扁条重叠，用竹筷在中间压约 2/3 深，双手配合，向两边拉，拉至长到约 33 厘米，放入准备好的油锅内炸。油温 7 成热，约 160 摄氏度。下锅炸油条面约 20 秒，再不断翻动。根据油温，再炸 1 分 20 秒左右，起锅。

3. 注意事项

（1）要求泡打粉要细。

（2）和面时用力揉均匀，待用。

（3）在油条面上撒干面粉要均匀，不多不少。

（4）油条面拉长时，长宽要均匀，做出的成品大小才均匀。

（5）如用菜籽油，必须先在锅内炼熟，否则有生清油味道，也可用精炼油。

（6）炸油条时，油要宽。

五、雪媚娘

1. 原料

粟粉 125 克、澄粉 30 克、糯米粉 125 克、鲜牛奶 125 克、白糖 125 克、金钻奶油 125 克、生粉 63 克、椰汁 155 克。

2. 制作过程

（1）将所有原料和匀，倒入托盘，上蒸笼蒸制 5~8 分钟，晾凉后，待用。

（2）在晾凉的原料里加入少许猪油，揉匀后，用保鲜膜包好，待用。

（3）原料放 10 分钟左右，扯剂子、压皮、包馅。用冰皮粉或熟面粉做扑粉。

六、包子发面及馅料配方

1. 发面配方比例（以 5 千克面粉为例）

面粉 5 千克、水 2.6 千克、化猪油 200 克、白糖 150 克、酵母粉 50 克、泡打粉 50 克。

2. 馅料制作配方比例

（1）黑芝麻馅料比例。黑芝麻 0.5 千克、白糖 1.25 千克、炒面粉 0.5 千克、猪板油 0.6 千克、水 125 克。

（2）花生馅料比例。酥花生仁 0.75 千克、白芝麻 125 克、白糖 0.5 千克、炒面粉 0.5 千克、猪板油 0.6 千克、水 25 克。

（3）宜宾碎米芽菜肉包馅料比例。鲜肉 1.3 千克（鲜肉馅生、熟各一半）、芽菜 0.5 千克、白菜 0.5 千克（码盐、切粒）、甜面酱 180 克、蚝油 30 克、白糖 30 克、生抽 50 克、胡椒粉 5 克、化猪油 400 克、料酒 50 克、老姜米 50 克、小香葱花 80 克、鸡精 15 克、味精 15 克、盐适量。

（4）香菇包馅心比例。干香菇 200 克、鲜肉（肥瘦肉）2.15 千克、韭菜花 150 克、化猪油 450 克、小香葱花 150 克、蚝油 30 克、生抽 25 克、胡椒面 20 克、料酒 100 克、姜米 50 克、鸡精 25 克、味精 25 克、盐适量。

七、 60 年积累白案经验配方

1. 卷筒蛋糕配方比例

卷筒蛋糕的制作与蛋糕相同，只是配方比例和烤制温度有所不同。配方为鸡蛋 5 千克、白糖 4 千克、面粉 3 千克；烤制温度不同，面火为 260 摄氏度左右，底火为 200 摄氏度左右，烤制时间根据原料多少而定（大概时间是 38

分钟）。

2. 酥皮点心配方比例

（1）水油面：面粉 5 千克、化猪油 1.25 千克、温水 1 千克（水温约 40 摄氏度左右）。用手和均匀，上面盖干净布，待用。

（2）油酥面：面粉 2.5 千克、化猪油 1.25 千克（使油呈液体状）。用手将面粉做个窝，将化猪油倒入窝内。用手和均匀后，上面盖干净布，待用。

（3）起酥面：水油面 5 千克、油酥面 2.5 千克，用擀面杖擀均匀后，扯节。

包馅心，分"明酥""暗酥"两种。根据不同需要包不同馅心和运用"明酥""暗酥"两种方法。

3. 月饼包皮配方比例

（1）原料：面粉 500 克、高筋面粉 133 克、吉士粉 35 克、花生油 166 克、饴糖 250 克、温水（30 摄氏度左右）100 克左右。

（2）制作：以上原料和均匀，放置 30 分钟以后，可包任何馅料的月饼。

4. 清油桃酥配方比例

面粉 25 千克、白糖 8.5 千克、化猪油 6.5 千克、清油 2.25 千克、饴糖 4 千克、臭粉（碳酸氢氨）300 克、苏打粉 300 克（也可用泡打粉替代苏打粉）。

备注：烤制温度面火为 260 摄氏度，底火为 220 摄氏度，大约烤制 16 分钟。

5. 猪油桃酥配方比例

面粉 25 千克、白糖 7.5 千克、化猪油 5.5 千克、鸡蛋 1 千克、饴糖 4 千克、苏打粉 250 克、臭粉（碳酸氢氨）250 克、泡打粉 200 克。

备注：烤制温度与清油桃酥一样，烘烤时

间约 16 分钟。

6. 椒盐桃酥配方比例

面粉 25 千克、花椒面 250 克、食盐 0.5 千克、味精 200 克、鸡精 250 克、化猪油 8 千克、黑芝麻 1.5 千克、清油 7.5 千克、饴糖 2.5 千克、臭粉（碳酸氢氨）250 克、苏打粉 250 克、泡打粉 200 克。

7. 空心酥配方比例

面粉 5 千克、白糖 3 千克、化猪油 1 千克、鸡蛋 1 千克、苏打粉 100 克、泡打粉 100 克。待和均匀，发泡后，进烤箱烤 16 分钟左右。

8. 冰橘广式月饼馅心配方比例

白糖 9 千克、冬瓜条 7.5 千克（切粒）、橘饼 2 千克（切粒）、冰糖 2.5 千克（细）、化猪油 2.5 千克、鸡油 0.5 千克、炒制熟面粉 2.5 千克、炒制熟糯米粉 2.5 千克、香油 250 克、水适量。和均匀后，放置半小时，可用。

9. 金钩广式月饼馅心配方比例

白糖 9 千克、金钩 1.5 千克（已发制，切细）、冬瓜条 7.5 千克（切细）、熟芝麻 1.5 千克、熟面粉 2.5 千克、熟糯米粉 1.5 千克、精炼油 1.5 千克、食盐 150 克、五香粉 25 克、香油 250 克、鸡精 200 克。以上原料和均匀后，放置半小时，可用。

10. 八宝广式月饼馅心配方比例

白糖 9 千克、冬瓜条 7.5 千克、化猪油 2 千克、桃仁 1 千克、橘饼 1.5 千克、樱桃脯 1.5 千克、五香粉 25 克、熟糯米粉 2 千克、熟面粉 2 千克、熟芝麻 1 千克、香油 400 克、鸡精 100 克、味精 100 克。以上原料和均匀，放置半小时，可用。

11. 叉烧火腿广式月饼馅心配方比例

白糖 9 千克、叉烧火腿肉及火腿皮 4 千克

（煮熟切小粒）、熟芝麻 1.5 千克、冬瓜条 6.5 千克（切细）、化猪油 1.5 千克、熟糯米粉 2.5 千克、熟面粉 2 千克、鸡油 0.5 千克、香油 250 克、白酒 250 克、食盐 200 克、五香粉 25 克、鸡精 200 克、味精 200 克、精炼油 0.5 千克。以上原料和均匀，放置半小时，可用。

12. 苏打白味饼干配方比例

面粉 25 千克、混合油 3 千克、饴糖 1 千克、食盐 150 克、苏打粉 125 克、鲜酵母粉 125 克、香兰素少许，以上原料和均匀后，待用。

13. 奶油饼干配方比例

面粉 25 千克、化猪油 3 千克、奶油 1.75 千克、奶粉 1.25 千克、苏打粉 70 克、鲜酵母 180 克、香兰素 10 克。以上原料和均匀后，待用。

八、吴奇安大师特色制作

1. 鲜茉莉、鲜玫瑰、鲜桂花腌制方法

（1）鲜茉莉花 5 千克，洗净，晒干，0.75 ~ 0.85 千克。白糖 5 千克，与干茉莉花混合均匀，放入坛内，盖好，与空气隔离封存 3 个月左右。室内温度保持 25 摄氏度左右。

（2）玫瑰、桂花的腌制方法与茉莉花腌制方法基本相同。

2. 茉莉花月饼馅心配方比例

茉莉花馅心 5 千克、猪板油 1.25 千克、土鸡油 0.5 千克、香油 250 克、熟面粉 1.5 千克、熟糯米粉 1.5 千克、温水适量（此馅心可做传统鲜花饼）。

3. 玫瑰花月饼馅心配方比例

玫瑰花馅心 5 千克、化猪板油 1.25 千克、

土鸡油 0.5 千克、香油 250 克、熟面粉 1.5 千克、熟糯米粉 1.5 千克、温水适量。

4. 鲜桂花月饼馅心配方比例

鲜桂花馅心 5 千克、化猪板油 1.25 千克、土鸡油 0.5 千克、香油 250 克、熟面粉 1.5 千克、熟糯米粉 1.5 千克、食盐 200 克、熟芝麻 0.5 千克、熟核桃仁粒 0.5 千克、鸡精、味精 100 克（此桂花馅心可做传统桂花糕）。

吴奇安大师白案经典菜品见表。

吴奇安大师白案经典菜品展示

编号	菜名	编号	菜名	编号	菜名
1	八宝面发糕	6	沙琪玛	11	熊猫雪媚娘
2	北方水饺	7	双花包子	12	油条
3	玻璃烧麦	8	四喜蒸饺	13	玉米发糕
4	蛋黄波丝糕	9	鲜花饼	14	鸳鸯糍粑
5	三角酥	10	鲜肉酱包子	15	珍珠丸子

附录

川味秘笈

附录一　传统川味名词解释

问1　什么叫"五柳"？

答　五柳是传统川菜运用"熘"的烹饪方法，将鱼肉丝下油锅[六成油温（约140摄氏度）]"滑"鱼肉丝，再合炒冬菇丝、甜椒丝、葱白丝（也可用番茄丝），就叫"五柳"。

问2　什么叫"三鲜"？

答　传统川味中，"三鲜"指的是土鸡、火腿、冬笋三种食材。将这三种食材烹制成熟后，以其作"底"制作的菜肴，称为"三鲜"。

问3　什么叫"三元"？

答　在传统川味中，选三种不同颜色的原材料，如青笋、胡萝卜、心里美萝卜，用小圆挖勺挖出三种不同颜色的圆珠，围在所需菜肴周围，称为"三元"。

问4　什么叫"一品"？

答　"一品"一般指烹饪精致的菜肴。如传统川味中的"一品豆腐"，用豆腐及多种原料打"糁"，垫底，用餐刀抹平后，嵌花，称"一品百花豆腐"。

问5　什么叫"四宝"？

答　传统川味烹饪中，将野生羊肚菌、野生口蘑、野生竹荪、野生鸡枞菌称为"四宝"。

问6　什么叫"芙蓉"？

答　传统川味中，一般称主料呈白色的菜品为"芙蓉"，如"芙蓉鸡片""芙蓉肉片"等。

问7　什么叫"翡翠"？

答　传统川味中，一般称绿色为"翡翠"，如青笋。传统凉菜中有"金钩挂玉牌"。

问8　什么叫"珊瑚"？

答　传统川味中，一般称红色为"珊瑚"。如用胡萝卜做成的"珊瑚松"，用于制作工艺菜。有一道传统菜，将白萝卜切成很薄的片，将切得很细的胡萝卜丝卷成卷，称为"珊瑚雪卷"。

问9 什么叫"鸳鸯"？

答 传统川味中，指使用两种颜色的主料或两种味道搭配的菜品，如"百花鸳鸯饺"。

问10 什么叫"咸八宝"？

答 咸八宝由糯米、薏仁、芡实、莲米、百合、桃仁、花仁、猪油、食盐组合。传统名菜有"八宝葫芦鸭"。

问11 什么叫"甜八宝"？

答 甜八宝由糯米、橘饼、蜜樱桃、蜜冬瓜糖、蜜枣、白糖、桃仁、桂圆组合，可做传统名菜"八宝酿梨""八宝锅蒸"等甜菜。

问12 什么叫"打一火"？

答 半成品菜需要上笼蒸一下，时间很短，大约几分钟。如传统精品川味"冬瓜燕"，把已经切好的冬瓜丝，上好豌豆粉，上笼蒸十几秒。

问13 什么叫"汆一水"？

答 把已切好的动植物原料放入开水锅内，放10克左右熟菜油，使其变软，用于制作成品菜，如传统的"白菜丸子""莲白菜包"。

问14 什么叫"挂霜"？

答 "挂霜"是一种烹饪方法，在凉菜制作中又叫"粘"。将白糖放入清水中，倒入锅内，在小火上不断翻炒，水分见干，起小鱼眼泡，翻沙，见白霜。

问15 什么叫"过中"？

答 传统请客要喝酒。肚子已经饿了，开餐前吃点中点（小吃）垫底，避免敬酒时伤害身体。

问16 什么叫"七匹半围腰"？

答 "七匹半围腰"是厨房各种工作的总称，如凉菜、墩子、切配、水案、白案、小吃、笼锅等。

问17 什么叫"软炸"？

答 将码味上浆（蛋豆腐）的食材，放在150摄氏度左右油锅内，炸成颜色微深的制成品。

问18 什么叫"有字型卍"？

答 指凉菜的拼摆方法之一。将原料的丝或丝条拼摆成"卍"字型。

问19 什么叫"熟油"？

答 将生菜籽油置入锅内高温炼熟，没有生油的味道。

问20 什么叫"过油"？

答 食材初加工后，码味，在锅内炸一下，起锅后，再下锅继续烧制，使其味道更加鲜美。

问21 什么叫"风车"？

答 凉菜的一种拼摆方法。将熟肚片、熟舌片顺圆盘同一个方向，拼摆成"风车"形。

问22 什么叫"三叠水"？

答 一种凉菜的拼摆方法。将切好的熟片重叠三层。

问23 什么叫"一封书"？

答 一种凉菜的拼摆方法。将已熟、切片的肚片、舌片或其他熟片，顺一个方向拼摆，形状像一封书。

问24 什么叫"玻璃"？

答 指原材料经过加工，食材比较透明，为一种比喻。如传统川菜"四上玻璃肚"；传统二汤菜"玻璃鸡片"。

问25 什么叫"水晶"？

答 指食材比较透明，传统川菜有"水晶八宝饭"。

问26 什么叫"神仙"？

答 指菜品色、香、味、鲜俱佳，使享用者有神仙般的感觉。同时，过去对老年人尊称"神仙"特指菜品适合老年人享用。川菜有"神仙鸡""神仙鸭"等菜品，多由"鲁菜"传入四川融合成菜。

附录二　传统白案面食名词解释

问1 什么叫"饧面"？

答 将加水和好的面或发好的面放置一会儿。

问2 什么叫"扯节子"？

答 将发好的面或和好的面搓成条，双手配合，用力扯成需要的小块。

问3 什么叫"三生面"？

答 用开水和面时用力将开水和面和均匀，这种面叫"三生面"。

问4 什么叫"杆扦子"？

答 白案包饺子、做烧麦，用来擀制面皮的工具。

问5 什么叫"水油面"？

答 制作传统鲜花饼时，需要起酥，要和制"水油面"。就是用温水混合猪油或菜油，用来和面。

问6 什么叫"酥面"？

答 "酥面"是中式面点起酥的关键材料。用猪油或菜油和面，烤制过程中就会起酥。

问7 什么叫"烫面"？

答 将水在锅内烧开后，将面粉倒入锅内，用杆扦子用力搅拌，就成了烫面。主要用来制作传统中式点心"韭菜合子"。

问8 什么叫"硬仔面"？

答 和面时用水较少，和匀后面很硬，如制作传统"麻花""白面锅盔"就要用硬仔面。

问9 什么叫"吊浆米粉"？

答 将糯米用水泡一天，泡好后用磨子打浆，将米浆装在布口袋里吊起来，沥水。干后的米粉就叫"吊浆米粉"。用于制作传统"汤圆"。

什么叫"刷一层"?

答 制作传统"蛋糕""麻饼"时，用刷子在"蛋糕""麻饼"表面刷一层鸡蛋浆，再放入烤箱烤制。

什么叫"生煎"?

答 一种烹制方法。平锅内倒少量油，掺少量水，将已包好馅的包子、饺子放在锅内，在锅盔炉上用中火煎熟，叫"生煎"。

122

后　记

　　川菜是中国八大烹饪菜系之一，是先人留给我们的宝贵遗产，为此，许多前辈付出了毕生心血，业绩非凡，在川菜制作创新中不断精益求精、锦上添花，同时也涌现出很多后起之秀，使川菜不断发扬光大。川菜事业呈现出满园春色、欣欣向荣的景象的时候，本人已年过七旬。回顾身后，投身烹饪工作60余年，挫折与成功，辛酸与荣誉，历历在目。为不忘恩师的教诲，不负领导的苦心培养，不负同行的鼎力相助，不负自己一生的辛劳与钻研，特著书传承前辈，与同业共探，与后辈分享，目的只有一个——使川菜事业百尺竿头更进一步。本人从事餐饮工作以来，虽然多次转调单位，但是为了烹饪事业的发展，从事烹饪工作的初心始终不变。1982年，因业绩突出，以中国烹饪专家身份被派往约旦，曾多次主厨高档宴席，接待过美国、意大利、德国、加拿大、日本、新加坡等国贵宾，均受高度赞扬。1986年底回国，调至中国人民银行四川省分行机关食堂任厨师长。此后被成都军区第二招待所（锦苑宾馆）聘为常年高级技术顾问，被成都白芙蓉宾馆（四星级）聘为技术经理。1992年，先后报考特三级、特二级、特一级高级技师，通过考核后获得证书。这一时期是本人从业以来精力最旺、频出成果的阶段。本人创新的菜品有"金钩瓜雕""虫草瓜方""香菌河蟹""麻辣脆皮鱼""锅巴酥牛肉""双味酥盐蛋""麻酥粉蒸肉""芦烩南瓜""脆炸枇杷"等20多种，得到业内人士的认可和社会的好评，其中部分菜品已被收入《今日川菜》一书中。1999年本人又整理《宴会菜谱集锦》一书内部赠送。2004年又整理《大众创新菜高档创新菜宴会组合菜谱》。2005年3月被成都新东方学校聘为教授。2006年任四川省餐饮业一级评委、四川省餐饮业认定师。从业期间，不忘言传身教，培养了一大批高级人才，其中特级以上烹调师20多名，现分散在北京、上海、兰州、广州、武汉、深圳、内蒙古等地各大酒店任技术骨干，有的在美国、日本、德国等国家为国争光。退休以后，经本人躬身传教，带出特一级厨师10名、特二级厨师5名。如中国烹饪名师、四川烹饪大师、特一级高级技师、四川省第二届创新大赛"特金奖"获得者、川菜发展二十年创新人才奖获得者，现宜宾市叙州区黑天鹅酒楼董事长兼行政总厨杨本德；中国烹饪大师曾建设；中国烹饪大师、中国餐饮领军人物、特一级高级技师、川菜烹饪大师、江苏省烹饪大师刘友辉。指导徒弟特二级技师、四川烹饪名师陈桃参加全国创新大赛和四川省第三届烹饪大赛获得金奖。指导徒弟李伟（中国人民银行四川省分行厨师长）在本系统厨师大赛中荣获"最佳热菜奖"，指导徒弟李家山（四川省中医学院保元堂酒楼厨师长）出版"中国食疗研究"丛书一套6本（已由四川科学技术出版社出版）。长江后浪推前浪，殷切期望晚辈们能青出于蓝而胜于蓝。本人热爱烹饪事业，决心在今后的工作中为川味的创新发展作出更多的贡献。

敬请同行指教，谨谢。

吴奇安

2023 年 9 月 9 日